高等职业院校信息技术应用"十三五"规划教材

U0267710

C#
面向对象 | 程序设计 ^{微课版}

Object Oriented Programming of C#

张丹阳 张波 ◎ 主编

丁明浩 刘鹏 冯波 ◎ 副主编

翟自强 ◎ 主审

人民邮电出版社
北 京

图书在版编目（ＣＩＰ）数据

C#面向对象程序设计 ：微课版 / 张丹阳，张波主编
. -- 北京 ：人民邮电出版社，2018.2（2022.6重印）
高等职业院校信息技术应用"十三五"规划教材
ISBN 978-7-115-47273-1

Ⅰ．①C… Ⅱ．①张… ②张… Ⅲ．①C语言－程序设
计－高等职业教育－教材 Ⅳ．①TP312

中国版本图书馆CIP数据核字(2017)第280513号

内 容 提 要

本书以 C#语言作为语言载体，讲述了面向对象程序设计的基础知识、基本算法和编程思想。本书在夯实语法知识学习的基础上，将重点放到了学生编程能力的培养上，其目的是使学生通过学习 C#语言程序设计之后，能具备基本的面向对象程序编程能力。全书共分为 16 章，内容编写由浅入深，对 C#语言做周密划分。本书内容丰富、结构清晰、体系合理，书中实例丰富、恰当，并对其中的重点内容配备微视频及其他资源，以便于教师教学和学生自学。

本书适合作为高职高专院校计算机相关专业和有编程需求的其他工科专业"面向对象程序设计"课程的教材，也可供上述专业的从业人员阅读参考。

◆ 主　　编　张丹阳　张　波
　　副主编　丁明浩　刘　鹏　冯　波
　　主　　审　翟自强
　　责任编辑　刘　佳
　　责任印制　马振武
◆ 人民邮电出版社出版发行　　北京市丰台区成寿寺路 11 号
　　邮编　100164　　电子邮件　315@ptpress.com.cn
　　网址　http://www.ptpress.com.cn
　　固安县铭成印刷有限公司印刷
◆ 开本：787×1092　1/16
　　印张：12.5　　　　　　　　2018 年 2 月第 1 版
　　字数：295 千字　　　　　　2022 年 6 月河北第 7 次印刷

定价：36.00 元

读者服务热线：(010)81055256　印装质量热线：(010)81055316
反盗版热线：(010)81055315
广告经营许可证：京东市监广登字20170147号

前言
Foreword

C#语言作为一门常年在编程语言排行榜位列前十的程序设计语言，具有语法简洁、功能丰富、使用灵活等特点，非常适合作为高职高专院校"面向对象程序设计"课程的教学内容。

作为一本适合于高职高专院校初学者学习 C#语言的教材，既要让学生易于入门，又要让学生初步掌握程序设计的能力和方法，因此本书的编写思路和结构如下。

1. 内容安排由浅入深、循序渐进。每一个章节都引入新的概念和知识，每一部分之间都存在衔接关系，能够满足不同层次人员的需要。

2. 以面向对象编程为主，同时兼顾语言特点和部分细节。初学者应先把注意力放在知识能力的主干上，更多的细节部分在编程实践中再加以完善。

本书以高职高专院校计算机相关专业和其他有编程需求的工科专业的初学者为主要使用对象，也可作为 C#编程技术参考书，建议采用理论实践一体化教学模式，参考学时见下面的学时分配表。

学时分配表

章节	课 程 内 容	学时
第 1 章	了解.NET 框架	1
第 2 章	C#编程入门	2
第 3 章	使用常见类型	6
第 4 章	表达式和运算符	6
第 5 章	掌握类的基本概念	6
第 6 章	使用类的方法	6
第 7 章	掌握类的高级概念	8
第 8 章	掌握类的继承	8
第 9 章	使用接口	4
第 10 章	使用结构体	2
第 11 章	使用枚举	3
第 12 章	使用数组	2
第 13 章	使用委托	3
第 14 章	事件	2
第 15 章	类型转换	3
第 16 章	异常处理	2
课时总计		64

本书融入了大量学生容易出现问题和理解偏差的典型例题，并配备了习题、微视频、教学课件等教学资源，方便学生在课堂之外巩固提高。编写中力求重点突出、难易适中，在强调知识原理的

基础上，注重思维训练，提高学生程序编写的能力。本书由天津电子信息职业技术学院的张丹阳、张波任主编，天津电子信息职业技术学院的丁明浩、刘鹏和冯波任副主编，天津电子信息职业技术学院的翟自强任主审，其中的第 1、3、5、16 章由张丹阳编写，第 2、10、11 章由张波编写，第 4、12、15 章由刘鹏编写，第 6、13、14 由冯波编，第 7、8、9 章由丁明浩编写，全书由张丹阳统稿。在本书的编写过程中得到了北京东软慧聚信息技术股份有限公司的大力支持，在此表示衷心的感谢。

由于作者水平有限，加之时间仓促，书中难免有不足、不妥之处，恳请广大读者批评指正，并提出宝贵意见。

编者

2017 年 8 月

目录
Contents

第1章

了解.NET框架

本章主要介绍.NET框架。.NET框架是一组用于建立 Web 服务器应用程序和 Windows 桌面应用程序的组件框架。了解.NET框架的组成、.NET工具和.NET项目是编写基于.NET框架程序的基础。

- 认识.NET框架组成
- 认识.NET项目
- 了解.NET项目文件和编译

1.1 认识.NET 框架的组成

微课：了解.NET
框架 （1）

.NET 框架包括两个重要组件：作为处理运行应用程序的公共语言运行时（CLR）和.NET 框架类库（BCL），如图 1-1 所示。

公共语言运行时，是托管代码执行核心中的引擎。公共语言运行时为托管代码提供各种服务，如跨语言集成、跨语言异常处理、增强的安全性、版本控制和部署支持、简化的组件交互模型、调试和分析服务等。

.NET 框架类库提供最基本的类型和实用工具功能，是其他所有.NET 类库的基础。.NET 框架类库旨在提供极其通用的实现。

在公共语言运行时和.NET 框架类库基础上，微软公司建立了庞大的基础技术路线和类库，最终形成如图 1-2 所示的 NET 框架体系结构。

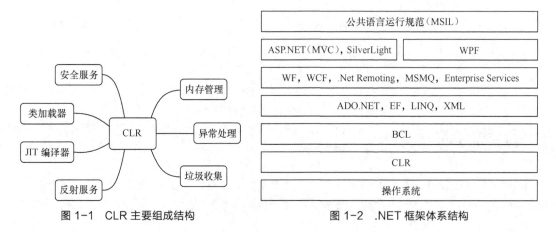

图 1-1　CLR 主要组成结构　　　　图 1-2　.NET 框架体系结构

1.2 认识.NET 工具

.NET 框架安装目录中包含开发人员使用的工具、示例代码和文档。工具的可执行文件通常位于 microsoft.net \framework\版本\目录下的文件夹。开发和运行常用工具如表 1-1 所示。

表 1-1　常用工具

名称	描述
csc.exe（C#编译工具）	编译 C#源程序工具
Regasm.exe（程序集注册工具）	读取程序集中的元数据，并在注册表中添加必要的项。这使 COM 客户端可以显示为 .NET 框架类
Sn.exe（强名称工具）	帮助创建强名称的程序集。此工具提供有关密钥管理、签名生成和签名验证的选项
Gacutil.exe（全局程序集缓存工具）	可以查看和操作全局程序集缓存和下载缓存的内容

如果使用命令提示符窗口，则必须设置环境变量路径，然后才能从计算机的任意子目录调用工具。

微课：了解.NET
框架（2）

1.3 认识 C#项目

1.3.1 项目文件

使用 Visual Studio.Net 工具建立的基于 C#语言的控制台项目中，包括表 1-2 所示文件。

表 1-2 C#项目文件

文件扩展名	相关说明
.csproj	C#项目文件，包括 VS 版本、文件和代码引用等信息
.csproj.user	是一个项目配置文件，记录项目生成路径、项目启动程序等信息
.sln	在开发环境中使用的解决方案文件。它将一个或多个项目的所有元素组织到单个的解决方案中
.cs	C#源代码文件

1.3.2 编译和运行

.NET 框架提供了对多种编程语言以及多平台的支持，实现途径是在传统的源代码层和编译后的本机代码层中添加一个中间代码层（CIL）。

1. 编译成 CIL 并执行

.NET 平台中代码的物理单元是可移植可执行程序（protable executable，PE）格式。编译程序将生成 EXE 与 DLL 文件。但在.NET 框架下，任何可执行程序项目都链接到公共语言运行时，并由它代理编译和执行，如图 1-3 所示。

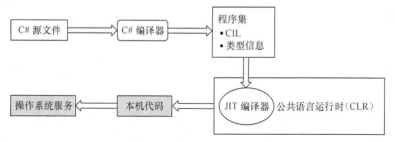

图 1-3 C#编译和运行时过程

2. 编译成本机代码并执行

.NET 程序在运行时会实时（JIT 编译），将.NET 程序文件编译成 cpu 认识的汇编机器码。.NET 安装目录下（如 C:\Windows\Microsoft.NET\Framework\v4.0.30319）有一个 ngen.exe 工具，可

以使用该工具转换成本机代码。

生成文件 filepath 的 native code 使用如下命令：

ngen install filepath

卸载文件 filepath 的 native code 使用如下命令：

ngen uninstall filepath

1.4 课后习题

一、选择题

（1）.NET 框架包括以下哪个部分内容（　　）。

    A．BVL   B．BCL

    C．CLR   D．CLV

（2）设置环境变量的批处理工具是（　　）。

    A．vsvars32.bat   B．PE

    C．CMD   D．VS.exe

（3）C#项目必要文件包括（　　）。

    A．.cs 文件   B．.csproj 文件   C．.avi 文件   D．.vb 文件

（4）C#编译经历了以下哪些过程（　　）。

    A．C#编译器   B．JIT 编译器

    C．C#源文件   D．本机代码

二、填空题

NET Framework 具有两个组件，它们是＿＿＿＿＿和＿＿＿＿＿。

第2章

C#编程入门

教学提示

本章主要介绍 C#编程入门的基础内容。C#是.NET 框架上的主要编程语言,它是为生成在.NET 框架上运行的多种应用程序而设计的。C#功能强大、类型安全,而且是面向对象的程序设计语言。C#在保持 C 样式语言的表示形式和优美的同时,实现了应用程序的快速开发。

本章重点讲授 C#入门程序和编译过程。

教学目标

- 认识 C#程序结构
- 认识 C#程序编译和执行过程
- 掌握 C#简单程序编写

2.1 编写简单程序

【**例 2-1**】一个简单的 C#程序。

```
using System;
namespace Chapter2
{
    class Program
    {
        public static void Main()
        {
            Console.WriteLine("Hello World!"); // Console.WriteLine命令行上打印输出内容
        }
    }
}
```

编译执行后，将在屏幕输出：

Hello World!

2.1.1 分析 Hello World 程序结构

例 2-1 代表了 C#一般化的程序结构，表 2-1 给出了其程序和语法解读。

表 2-1　程序解读

行	内容解读
1	使用 System 命名空间的类型。该语句必须用分号结束
2	声明程序的命名空间为 Chapter2，紧跟在其后的是一对大括号，大括号内可以书写程序中使用的类型
3	定义一个类，类名为 Program。Program 后面紧跟一对大括号，大括号内书写该类型的成员
4	定义一个名为 Main 的成员方法。Main 方法是特殊的成员方法，C#程序将其作为程序运行的入口
5	Main 方法只书写一句语句，执行后将在控制台打印输出一句话："Hello World!"。该语句分号后的 "//"，表明后面的语句为注释。注释语句不参与运行。

C#程序往往由一类或多类组成。在表 2-1 中描述的程序只有一个类——Program。类是程序的主要载体，但类必须存在于命名空间中，换句话说，类必须属于某个命名空间。

一般情况下，C#程序基本结构可以用图 2-1 进行描述。

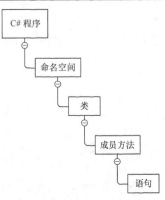

图 2-1　C#程序基本结构

2.1.2　格式化输出语句

在例 2-1 程序中，包括如下语句：

```
Console.WriteLine("Hello World!");
```

该语句的作用是实现打印输出字符串"Hello World!"。在小括号中的"Hello World!"作为 Console.WriteLine 方法的参数出现。实际上，Console.WriteLine 方法还有一种常见的使用形式，如下：

```
Console.WriteLine("{0} + {1} ",1,2);
```

该语句将输出：

```
1 + 2
```

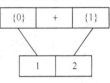

在上述语句中，"{0}"和"{1}"称为替换标记，而 WriteLine 方法的第一个参数"{0} + {1}"称为格式字符串，第二个参数和第三个参数称为替换值。在实际输出时，格式字符串中替换标记"{0}"和"{1}"起到了占位符的作用。在打印输出时，由后面的替换值按照替换标记中的顺序选择输出，其对应关系如图 2-2 所示。

图 2-2　格式修饰符选择输出对应关系

替换标记还有一种使用方式，如下所示：

```
Console.WriteLine("{0:F2}",1.222);
```

在该格式标记字符串中，格式"{0:F2}"指定了数字的显示格式。格式字符串的语法如下所示。

```
{index, alignment:format}
```

index 代表参数替换值位置索引；alignment 是可选参数，指定字段宽度和对齐方式；冒号后面的 format 是可选参数，代表格式。

常见的标准数字格式字符串，如表 2-2 所示。

表 2-2　常见标准数字格式字符串

格式说明符	名称	描述	示例
"C"或"c"	货币	结果：货币值。受以下类型支持：所有数值类型。精度说明符：小数位数	Console.WriteLine("{0:C2}", 123.46) 输出：　$123.46
"D"或"d"	Decimal	结果：整型数字，负号可选。受以下类型支持：仅整型。精度说明符：最小位数。默认值精度说明符：所需的最小位数	Console.WriteLine("{0:D4}", 1234) 输出：1234
"E"或"e"	指数（科学型）	结果：指数记数法。受以下类型支持：所有数值类型。精度说明符：小数位数。默认值精度说明符：6	Console.WriteLine("{0:E}",1 052.0329112756) 输出：1.052033E+003
"F"或"f"	浮点	结果：整数和小数，负号可选。受以下类型支持：所有数值类型。精度说明符：小数位数	Console.WriteLine("{0:F2}", 4.567) 输出：4.57
"G"或"g"	常规	结果：最紧凑的定点表示法或科学记数法。受以下类型支持：所有数值类型。精度说明符：有效位数。默认值精度说明符：取决于数值类型	Console.WriteLine("{0:G2}", 4.567) 输出：4.57

续表

格式说明符	名称	描述	示例
"N"或"n"	数字	结果：整数和小数、组分隔符和小数分隔符，负号可选。受以下类型支持：所有数值类型。精度说明符：所需的小数位数	Console.WriteLine("{0:N2}", 1234.567) 输出：1,234.57
"P"或"p"	百分比	结果：乘以 100 并显示百分比符号的数字。受以下类型支持：所有数值类型。 精度说明符：所需的小数位数	Console.WriteLine("{0:P}", 1) 输出：100.00 %
"R"或"r"	往返过程	结果：可以往返至相同数字的字符串。受以下类型支持：Single、Double 和 BigInteger。精度说明符：忽略	Console.WriteLine("{0:R}", 123456789.12345) 输出：123456789.12345
"X"或"x"	十六进制	结果：十六进制字符串。受以下类型支持：仅整型。精度说明符：结果字符串中的位数	Console.WriteLine("{0:X}", 255) 输出：FF

2.1.3　程序入口

每个 C#程序必须定义有一个包含 Main 方法的类。Main 方法需要满足以下要求。

（1）C#程序的开始位置在 Main 中的第一条指令。

（2）Main 必须首字母大写。

Main 的最简单格式如下所示：

```
static void Main()
{
    ……//语句
}
```

2.2　完成程序编译和执行

微课：C#编程
入门（2）

2.2.1　使用手工工具

手工工具指.NET 框架自带命令行提示符工具 csc.exe。该工具默认位于操作系统目录下 Microsoft.NET 目录中，例如 C:\Windows\Microsoft.NET\Framework64\v4.0.30319。

表 2-3 说明了编译工具的一般语法规则。在使用之前首先确认该目录包含于环境变量之中。

表 2-3　C#编译工具文件

文件名	相关说明
csc.exe	微软.NET 框架中的 C#编译器 语法规则如下 （1）参数用空白分隔，空白可以是一个空格或制表符

续表

文件名	相关说明
csc.exe	（2）插入符号（^）未被识别为转义符或者分隔符。在传递给程序中的 argv 数组之前，该字符是由操作系统中的命令行分析器处理 （3）括在双引号（"string"）的字符串解释为单个参数，不管其中包含在内的空白。带引号的字符串可以嵌入在自变量内 （4）双精度的引号前面加上反斜杠（\"）被解释为原义双引号字符（"） （5）反斜杠按其原义解释，除非它们紧位于双引号之前

下面将以例 2-1 中书写的程序为例，说明手工完成编译和执行的过程。

（1）利用记事本工具书写源程序并存放至指定目录下，如 C:\HelloWorld.cs。

（2）打开命令行工具，输入 csc C:\HelloWorld.cs，然后按回车键。正常条件下，将完成程序编译，在源文件相同目录下生成 HelloWorld.exe。

（3）将盘符切换到 C 盘根目录下，键入 HelloWorld，启动程序执行。

csc 工具还有许多参数，常见的参数如表 2-4 所示。

表 2-4　常见 C#编译参数

参数名	相关说明
/out	指定输出文件
/target	指定输出文件的格式
/optimize	启用/禁用优化
/debug	指示编译器发出调试信息
/define	定义预处理器符号

2.2.2　使用集成工具

Visual Studio.NET 作为 Microsoft 官方的集成 IDE，其本身是由基于组件的开发工具和其他技术组成的套件，用于生成功能强大、性能卓越的应用程序。此外，Visual Studio.NET 还针对企业解决方案基于团队的设计、开发和部署进行了优化。下面介绍 Visual Studio.NET 编译执行程序主要过程，分别为建立项目、编译代码和调试运行三个部分。

1. 建立项目

在本书的项目中，将使用 Visual Studio.NET 支持的基于 C#语言的命令行项目类型，项目建立的具体操作如下。

选择【文件】->【新建项目】，在项目类型弹出的对话框中选择命令行项目类型，如图 2-3 所示。

2. 编译代码

在解决方案管理器中选择默认建立的 Program.cs，完成如例 2-1 所示代码。在解决方案管理中，右键单击项目文件，选择【生成】，如图 2-4 所示。

图 2-3　创建命令行项目

图 2-4　生成菜单

在输出窗口中，将显示如图 2-5 所示的生成信息。

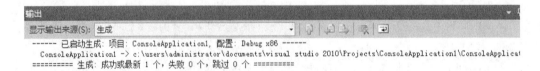

图 2-5　生成信息

3. 调试运行

在菜单中选择【调试】->【启动调试】或者按下 F5 键将启动程序并进入调试模式，如图 2-6
所示。

图 2-6　调试菜单

2.3　课后习题

一、选择题

（1）C#程序的入口方法名称是（　　）。

  A.　Init()

  B.　main()

  C.　Main()

  D.　run()

（2）手工编译 C#程序的工具是（　　）。

  A.　vsvars32.bat

  B.　cs.exe

  C.　csc.exe

  D.　cmd.exe

（3）C#中表达精度数字的格式包括（　　）。

  A.　"A"

  B.　"I"

  C.　"F"

  D.　"N"

（4）可以启动 C#集成工具编译程序功能的菜单命令是（　　）。

  A.　Debug

  B.　生成

  C.　打开

  D.　工具

（5）Console.WriteLine("{0} + {1} = {2} ",1,2,3)输出结果是（　　）。

  A.　3 = 3

  B.　1 = 2

  C.　1 + 1 = 3

  D.　1 + 2 = 3

二、编程题

使用手工编译方式和 Visual Studio 建立命令行项目两种方式，将下面的程序编译后，在命令行运行并输出结果。

```csharp
using System;
namespace Chapter2
{
    class Program
    {
        public static void Main()
        {
            Console.WriteLine("{0:f2}",123.12);
        }
    }
}
```

第3章

使用常见类型

➜ 教学提示

本章主要讲解 C#语言的常见数据类型及其使用。编程解决问题的基础是数据结构和算法，算法处理的对象是数据，而数据是以某种特定的数据类型存在的，如整数、字符等形式。掌握这些常见数据类型是学习 C#面向对象程序设计的基础。

➜ 教学目标

- 认识类型
- 认识标识符
- 认识常见预定义类型
- 认识自定义类型分类

3.1 认识类型

3.1.1 值类型和引用类型

C#中将所有的数据类型分为两大类：值类型和引用类型。值类型变量存储实际的值，而引用类型变量则存储指向数据的地址，所以对于同一个数据可以有多个引用。

1. 值类型

值类型的变量直接存储实际数据，都具有固定的长度，常见的值类型包括整数类型、字符类型、实数类型、布尔类型，以及复合型值类型包括结构体类型和枚举类型。

（1）整数类型。

表 3-1 中包括所有的常用整数类型。

表 3-1 常用整数类型

	类型名	别名	字节	后缀	默认值	类型名
有符号整型	字节型	sbyte	1		0	System.Sbyte
	短整型	short	2		0	Int16
	整型	int	4		0	Int32
	长整型	long	8	l 或 L	0	Int64
无符号整型	字节型	byte	1		0	Byte
	短整型	ushort	2		0	UInt16
	整型	uint	4	u 或 U	0	Uint32
	长整型	ulong	8	ul 或 UL	0	Uint64

如果该整数没有后缀，则它属于以下所列的类型中第一个能够承载其值的那个类型：int、uint、long 和 ulong；如果该整数带有后缀 U 或 u，则它属于以下所列的类型中第一个能够承载其值的那个类型：uint 和 ulong；如果该整数带有后缀 L 或 l，则它属于以下所列的类型中第一个能够承载其值的那个类型：long 和 ulong；如果该整数带有后缀 UL、Ul、uL、ul、LU、Lu、lU 或 lu，则它属于 ulong 类型；若超出了 ulong 的字节范围，将发生编译错误。

整数常常用十进制或十六进制数来表示，书写方法如下所示：

```
int i=1;                    //整型变量用十进制数表示
long j=0x1234AF;            //长整型变量用十六进制数表示，前缀为0x
```

（2）实数类型。

实数类型包括 float、double 以及 decimal 三种类型，依次为单精度、双精度以及固定精度类型，如表 3-2 所示。

表 3-2 实数类型

	类型名	别名	字节	后缀	默认值	类名
实数类型	单精度	float	4	f 或 F	0.0f	Single
	双精度	double	8	d 或 D 或缺省	0.0	Double
	高精度	decimal	16	m 或 M	0.0m	Decimal

浮点数可以用十进制数或幂的形式表示。decimal 类型通常用于财务计算。

浮点数的书写方法如下所示：

```
float i=4.56f;              //float类型声明变量并对其初始化
double j=7E-02;             //double类型声明变量并对其以幂的形式初始化
```

（3）字符类型。

字符（char）类型表示 Unicode 字符，是无符号的 16 位整数，可写成如下几种形式：

```
'a'              //一个简单的字符
0x02D            //十六进制数值
'\u0041'         //Unicode字符值
'\n'             //转义字符
(char)32         //带有数据类型强制转换符的整数类型
```

转义字符是以"\"为首的两个特殊字符标记，表示特殊的含义。常见的转义字符如表 3-3 所示。

表 3-3　常见转义字符

字符	含义	Unicode 码
\'	单引号	0x0027
\"	双引号	0x0022
\\	反斜杠	0x005C
\0	空字符	0x0000
\a	警铃	0x0007
\b	退格	0x0008
\f	换页	0x000C
\n	换行	0x000A
\r	回车	0x000D
\t	水平制表	0x0009
\v	垂直制表	0x000B

（4）布尔类型。

布尔（bool）类型表示逻辑值，取值只能是 true 或者 false。布尔类型对应于.NET 类库中的 System.Boolean 结构，它在计算机中占 4 个字节。在程序中使用时，一般是使用其值来控制程序的执行。

微课：使用常见
类型（2）

【例 3-1】布尔类型变量控制 while 循环次数。

```
using System;

namespace Chapter3
{
    class Program
    {

        static void Main(string[] args)
        {
            bool test1 = true;
            int a = 0;
```

```
                        while (test1)
                        {
                            a++;
                            Console.Write("{0}   ", a);
                            if (a >= 10)
                            {
                                test1 = false;
                            }
                        }


                    }
                }
            }
}
```

运行结果：

1 2 3 4 5 6 7 8 9 10

2．引用类型

"引用"在此处的含义为该类型的变量不存储包含的值，而是存储该值在内存中的存储位置。也就是说，引用类型的变量指向被引用的对象，它存储的是实际值的"引用"。C#语言预定义了两种引用类型：object 类型和 string 类型。

（1）object。

object 类型是所有值类型和引用类型的基类，几乎所有的数据类型都是直接或间接地从 object 类型泛化而来的。一般来说，当若干个引用类型的变量引用同一个对象时，无论通过哪一个引用变量改变其引用对象的属性，其他引用变量引用的对象的属性都会随之改变。

定义一个对象类型的变量：

object   变量名;

下面的代码声明了一个对象类型的变量 i，并分别将整数类型和浮点类型的值赋给它：

```
 object   i;
i=10;
i=20.11f;
```

微课：使用常见
类型（3）

定义为 object 类型的变量可以接收任何类型的数值。

（2）string 类型。

string 类型，即字符串类型，虽然也是引用类型，但它的工作方式更像值类型，如下代码所示：

```
string   s1 = "hello";
string   s2 = s1;
```

上述代码中，s2 和 s1 都引用了同一个字符串类型，但是当 s1 的值发生改变时：

```
string   s1 = "goodbye";
```

s2 的值仍然为"hello"。因为当改变 s1 的值时，新创建了一个 string 对象，s1 引用这个新的 string 对象，而 s2 仍然引用原来的 string 对象，两个对象是独立的，故 s1 的变化不会影响到 s2。

由此可见，string 对象是恒定的，当 string 对象被创建，它的值就不能再被修改，所以当改变一个字符串变量的值的时候，仅仅是指向了一个新创建的包含修改内容的新的 string 对象。

string 类型代表不可变的 Unicode 字符串，是 System.String 类的别名。

（3）数组。

在进行批量处理数据的时候，经常要用到数组。数组是一组类型相同的有序数据。数组按照数组名、数组元素的类型和维数进行描述。C#语言中提供的 System.Array 类是所有数组类型的基类。声明数组的语法格式如下，

```
类型[]  数组名;
```

下列代码声明一个整数数组 array，语法格式如下：

```
int[]  array;
```

数组元素的个数可以通过数组名加"."，再加"Length"来获得。在使用数组的时候，可以在"[]"中加下标来取得对应的数组元素。C#语言中的数组元素的下标是从 0 开始的，也就是说，第一个元素对应的下标为 0，以后元素的下标依次增加。

第 12 章将详细介绍关于数组的相关内容。

3.1.2　变量的声明及标识符的命名规则

变量是 C#程序中的基本存储单元，每一个变量都由一个变量名来标识，每一个变量都有一个类型，这个类型决定何种类型的数据可以被存储在这个变量中。

变量名必须是合法的标识符，需符合以下规则。

（1）变量名必须以字母或下划线开头。

（2）变量名只能由字母、数字以及下画线组成，而不能包含空格、标点符号以及运算符等。

（3）变量名不能与 C#中的关键字相同。

（4）变量名不能与 C#的库函数名称相同。

C#中可将"@"前缀加在关键字前面作为变量的名称。这主要是为了避免与其他语言进行交互时发生冲突。因为"@"其实并不是关键字的一部分，其他的编程语言会将其作为一个普通的变量名。在其他的情况下，建议不要加"@"前缀。

创建变量是通过声明类型并标识它的名字来完成的，变量必须先声明，后使用。声明变量的语法如下：

```
[属性] [修饰符] 数据类型  变量名;
```

属性和修饰符将在后续的章节进行详细介绍。数据类型是指变量的类型，变量名是指变量的名称，下面列出一些合法以及不合法的变量名。

```
int  i;                    //合法
int  No.1;                 //不合法，含有非法字符.
string  toat;              //合法
char  for;                 //不合法，与关键字名称冲突
char  @abc;                //合法
string  Main;              //不合法，与函数名称冲突
```

尽管符合了上述要求的变量名便可以正常使用，但在给变量取名时，还应使其见名知意，这样写出的程序才便于所有人理解。例如对于一个人，命名时可以是 people，若使用 abcd 便不是一个好的选择。

在对变量进行声明时，可同时声明多个，代码如下：

```
int    num1,num2,num3=10,num4;
```

需要注意的是，C#要求变量在使用前必须初始化，即变量在被使用前必须赋初值，声明一个变量的时候，可以不初始化，但在使用前必须初始化。在实际使用中，作为类成员的 C#基本数据类型在未显式初始化时，将被赋值为对应类型的默认值。

表 3-4 列出了所有基本数据类型的默认值。

表 3-4   基本数据类型的默认值

值类型	默认值
decimal/double/float/int/long/short/byte 等	0 或 0.0
bool	False
char	'\0'
enum	0

3.2 认识自定义类型分类

C#除了系统的自带类型外，还包括多种自定义类型，例如结构类型、枚举类型以及类等。

微课：使用常见
类型（4）

3.2.1 结构体类型

在实际应用中，一组相关的数据可能是相同类型的，也可能是不同类型的。如一个学生的学号、姓名、性别和年龄等数据，它们是相关的，且往往要作为一个整体来应用，这时就需要一种类型来定义一系列相关的数据，这种类型就是结构体类型。

结构类型使用关键字 struct 来定义，声明结构体的语法格式如下：

```
struct   结构体类型名称
{
    结构成员定义;
}
```

声明结构后，就可以声明该结构类型的结构变量了。声明结构变量的语法格式如下：

```
结构类型名称   变量名称
```

要访问结构变量的某个成员，采用以下格式来完成：

```
变量名称.成员名称
```

第 10 章将详细介绍关于结构体的内容。

3.2.2 枚举类型

日常生活中，经常要用到一系列相关的数据，如 1~12 月，星期一~星期日等。这些常数的取值应限定在一个合理的范围内，且在实际的编程过程中，这些常数最好能够用直观的来表示，以增加程序的可读性。在 C#中，通过枚举类型来解决此种类似问题。

枚举类型主要用于表示一个逻辑相关项的组合，使用关键字 enum 来定义，语法格式如下：

```
enum   枚举名
{
```

```
        枚举成员1,枚举成员2……
}[;] //此分号有无均可
```

枚举实际上是为一组在逻辑上密不可分的整数值提供便于记忆的符号。下面通过建立枚举类型 WeekDay 来举例说明。

```
enum  WeekDay      //定义一个枚举类型WeekDay
{
    Sunday,Monday,Tuesday,Wednesday,Thursday,Friday,Saturday
}
WeekDay day;       //声明一个该类型的变量day
```

需要注意的一点是，为枚举类型的元素所赋的值的类型仅限于 long、int、short 和 byte 等整数类型。

第 11 章将详细介绍关于委托的内容。

3.2.3 类

类是一组具有相同数据结构和相同操作的对象的集合。创建类的实例必须使用关键字 new 来声明。类和结构之间的根本区别：结构是值类型，而类是引用类型。

关于类的详细内容，将在第 5 章介绍。

3.2.4 接口

应用程序之间要相互调用，就必须事先达成一个协议，被调用的一方在协议中对自己所能提供的服务进行描述。在 C#中，这个协议就是接口。接口中对方法的声明，既不包括访问修饰符，也不包括方法的执行代码。接口定义的只是一组方法或者一个公共属性，它必须通过类来实现。按照惯例，接口的命名以大写字母"I"开头。

接口的定义如下代码所示：

```
interface IShape2D              //通过关键字interface定义一个接口IShape2D
{
    void Draw();                //在接口中定义一个方法的声明
}
```

关于接口的详细内容，将在第 9 章进行详细介绍。

3.2.5 委托

委托是 C#中的一种引用类型，是面向对象、类型安全的。它主要用于.NET Framework 中的事件处理和回调函数。在使用委托时，可像对待类一样对待它，也就是先声明，再实例化。类在实例化后称为对象或实例，而委托在实例化后仍然叫作委托。在 C#中，通过关键字 delegate 来声明委托，声明的格式语法如下：

```
[修饰符] delegate 数据类型 委托名 （[参数列表]）;
```

下列代码声明了一个委托 MathsOp，这样任何一个返回值为 double，且只有一个 double 类型形参的方法都可以用委托 MathsOp 进行调用。

```
delegate double MathsOp(double x);   //声明一个委托MathsOp
```

第 13 章将详细介绍关于委托的内容。

3.3 课后习题

一、选择题

（1）以下数据类型中不可以使用算术运算运算的是（   ）。

    A. bool   B. char

    C. decimal   D. sbyte

（2）以下数据类型不能表示负数范围的是（   ）。

    A. sbyte   B. decimal

    C. double   D. uint

（3）在 C#中，表示一个字符串的变量应使用的语句定义是（   ）。

    A. CString str;   B. string str;

    C. Dim str as string   D. char * str;

（4）下面属于合法变量名的是（   ）。

    A. P_qr   B. 123mnp   C. char   D. x-y

（5）在 C#语言中，下列能够作为变量名的是（   ）。

    A. if   B. 3ab   C. a_3b   D. a-bc

二、编程题

建立三个 int 型变量 a、b、s，并为其赋初值；三个 double 型变量 c、d、sd，并为其赋初值；定义字符串 str，并为其赋初值。之后将 a+b 的计算结果赋给 s，将 c*d 的结果赋给 sd，将 str+a 的结果赋给 str，最终将 s、sd、str 进行输出。

PART04

第4章

表达式和运算符

教学提示

本章主要介绍 C#语言中的表达式和运算符。C#语言利用运算符来指明所执行的操作,通过运算符构成表达式,表达式和语句的结合又构成程序的执行部分来满足应用需求。

教学目标

- 认识表达式
- 认识字面量
- 认识运算符

4.1 认识表达式

C#程序中的可执行部分由各种表达式组成。表达式主要由变量、常量和运算符组成。其具体书写格式如下：

| 操作数 | 运算符 | 操作数 |

其中操作数包括变量以及字面量，并且操作数类型相同才可以进行运算，不同时则需进行类型转换。

C#表达式主要包括以下几种。

（1）算术表达式：用算术运算符连接，运算结果是数值类型。

（2）关系表达式：用关系运算符连接，运算结果是布尔类型。

（3）逻辑表达式：用逻辑运算符连接，运算结果是布尔类型。

（4）赋值表达式：用赋值运算符连接，运算结果的类型取决于赋值运算符左侧的运算结果。

（5）函数（方法）调用表达式：函数也称方法，是可以完成特定功能的程序单位，通过函数调用表达式可以执行函数的特定功能，运算的结果类型取决于函数的返回值类型。

4.2 认识字面量

字面量用于表示一个固定值，可分为数字型字面量和字符型字面量。例如，想要输出两个数值12 和 1.628034，则直接将其放入输出语句：

```
Console.WriteLine(12);
Console.WriteLine(1.628034);
```

其中，12 和 1.628034 即为字面量。

4.3 认识运算符

C#提供了许多运算符，这些运算符是指定要在表达式中执行具体操作的符号。

4.3.1 认识算数运算符

算数运算符包括五个常用的简单运算符+、–、*、/、%，并且均为二元运算符，其中–、+运算符，还可作为一元运算符使用，–运算符比较常用，可以完成对操作数取负的操作。表 4–1 列出了这些运算符的用法。

表 4–1　常见运算符用法

运算符	类别	示例表达式	结果
+	二元	var1=var2+var3;	var1 的值是 var2 与 var3 的和
–	二元	var1=var2-var3;	var1 的值是 var2 对 var3 的差
*	二元	var1=var2*var3;	var1 的值是 var2 与 var3 的乘积
/	二元	var1=var2/var3;	var1 的值是 var2 对 var3 的商

续表

运算符	类别	示例表达式	结果
%	二元	var1=var2%var3;	var1 的值是 var2 对 var3 取的余数
+	一元	var1= +var2;	var1 的值等于 var2 的值
−	一元	var1= −var2;	var1 的值等于 var2 乘−1

其中+运算符还有一个扩充功能，即字符串的连接，并可自动强制将数值量转换成字符串。例如：

```
String str;
str="x = " + 10;                // "x = 10"
str= "123" + 4 + 5 + 6;         // "123456"
str=4 + 5 + 6 + "123";          // "15123"
```

在进行上述运算时还需注意的是运算顺序，比如第二个的运算结果与第三个的运算结果存在差异，等号右边按照从左到右的顺序依次运算，第二个式子每一步都是字符串与数值的运算，第三个式子前几步是数值之间的运算，最后一步才完成数值与字符串的运算，所以结果会产生差异。

%是取余运算符，使用方法为 var2%var3，运算结果为 var2 对 var3 取的余数，值得注意的是，%的左右操作数均需为 int 类型。

递增运算符++、递减运算符−−，两者均为一元运算符，并且均有两种使用方式，放在操作数的前边（先+1后使用）或者后边（先使用后+1），其使用方式以及相对应的运算结果如表 4-2 所示。

表 4-2   ++、−−运算符用法

运算符	类别	示例表达式	结果
++	一元	var1=++var2	var2 递增 1，var1 的值为 var2+1
−−	一元	var1=−−var2	var2 递减 1，var1 的值为 var2−1
++	一元	var1=var2++	var1 的值为 var2，var2 递增 1
−−	一元	var1=var2−−	var1 的值为 var2，var2 递减 1

【例 4-1】算数运算符举例。

```
using System;

namespace Chapter4
{
    class Program
    {

        static void Main(string[] args)
        {
            int var1,var2,var3=5,var4=5;
            var1=var3++;                   //var1的值为5
            var2=++var4;                   //var2的值为6
            Console.WriteLine("{0}   {1}   {2}   {3}", var1, var2, var3, var4);
        }
    }
}
```

运行结果：

```
5 6 6 6
```

4.3.2　认识赋值运算符

C#的赋值运算符用于将一个数据赋予一个变量、属性或者引用。数据可以是常量、变量或者表达式。赋值运算符包括简单赋值和复合赋值。

其中简单赋值操作符即"="，在一个简单赋值中，右操作数必须为某种类型的表达式，且该类型必须可以隐式地转换成左操作数类型。

赋值号"="的使用方法，如下所示：

```
a=2;
```

此时，将数值 2 赋值给变量 a，而非代表"a 等于 2"。

在 C#中，允许对变量连续赋值，例如：

```
x = y = 10;          //相当于x=(y=10)，先赋值给y，之后再赋值给x
```

复合赋值运算符为简单赋值运算符与其他运算符的组合运算符。常用的复合运算符如表 4-3 所示。

表 4-3　++、--运算符用法

运算符	类别	示例表达式	结果
+=	二元	var1+=var2	将 var1 与 var2 的和赋给 var1
-=	二元	var1-=var2	将 var1 与 var2 的差赋给 var1
*=	二元	var1*=var2	将 var1 与 var2 的乘积赋给 var1
/=	二元	var1/=var2	将 var1 与 var2 的商赋给 var1
%=	二元	var1%=var2	将 var1 对 var2 的余数赋给 var1

例如，var1+=var2 等效于 var1=var1+var2。

微课：表达式和运算符（3）

4.3.3　认识关系运算符

关系运算符又称为比较运算符，其实际上是逻辑运算的一种，可以将之理解为一种判断，所得到的结果为布尔型，即结果只有两种可能，"true"或者"false"，C#关系运算符一般包括如表 4-4 所示的六种。

表 4-4　关系运算符

运算符	运算符描述
==	等于
!=	不等
>	大于
<	小于
>=	大于或等于
<=	小于或等于

【例 4-2】关系运算符举例。

```
using System;

namespace Chapter4
```

```
{
    class Program
    {
        static void Main(string[] args)
        {
            int a=12,b=13;
            if(a<=b)
            {
                a=1;
            }
            Console.Write("{0}   ", a);
        }
    }
}
```

运行结果：

1

上述程序执行后，if 中的条件 a<=b 成立，所以返回结果 true，并且执行 if 中的语句将 1 赋值给 a。

4.3.4 认识逻辑运算符

逻辑运算符是执行逻辑值运算的运算符，其运算结果为布尔值，结果为"true"或"false"。逻辑运算符将关系表达式或者布尔表达式连接起来就组成逻辑表达式。

表 4-5　逻辑运算符

运算符	运算符描述
!	逻辑非
&&	逻辑与
||	逻辑或
^	逻辑异或

!为一元运算符，即只需在!符号后边添加一个操作数，若操作数为 true，则带有! 的逻辑表达式则为 false，反之亦然。

&&为二元运算符，两个操作数中若有一个为 false，则整个逻辑表达式的结果为 false，只有两个操作数均为 true 时，逻辑表达式结果才为 true。&&为"短路"运算符，即先判断第一个操作数，若结果值为 true 时，才会判断第二个操作数的真假，若第一个操作数的结果为假，则不会执行第二个操作数，因为此时已能判断出整个表达式的结果为假。

||亦为二元运算符，两个操作数若有一个为 true，则整个逻辑表达式的结果为 true，只有两个操作数均为 false 时，逻辑表达式结果才为 false。同样的，||也是"短路"运算符，与&&运算符不同的是，若第一个操作数的结果为 false，才会判断第二个操作数，若第一个操作数的结果为真，则不会执行第二个操作数。

^为二元运算符，若两个操作数的结果均为 true 或者均为 false 时，整个逻辑表达式的结果为false；若两个操作数一个为 true，一个为 false，则整个表达式的结果为 true。

【例 4-3】 逻辑运算符^举例

```
using System;

namespace Chapter3
{
    class Program
    {

        static void Main(string[] args)
        {
            int   a = 0;
            bool  x = true, y = false;
            if (x ^ y)
            {
                a = 1;
            }
            else
            {
                a = 2;
            }
            Console.Write("{0}   ", a);
        }
    }
}
```

运行结果：

```
1
```

4.3.5 认识位运算符

微课：表达式和
运算符（4）

在 C#中可以对整型运算对象按位进行逻辑运算。按位进行逻辑运算的方法是：依次取被运算对象的每位，进行逻辑运算，逻辑运算结果是该位运算的结果值。最终运算结果由各位结果值组成。C#支持的位逻辑运算符如表 4-6 所示。

表 4-6 位运算符

运算符	描述	运算对象	结果类型	运算对象数	实例
~	按位取反	整型、字符型	整型	1	~a
&	按位与运算			2	a&b
|	按位或运算			2	a|b
^	按位异或运算			2	a^b
<<	按位左移运算			2	a<<4
>>	按位右移运算			2	a>>3

1. 按位取反运算符~

按位取反运算符是单目的，只有一个运算对象，其对运算对象的值按位进行取反运算，即：如果某一位等于 0，就将其转变为 1；如果某一位等于 1，就将其转变为 0。

比如，对二进制的 10010001 进行按位取反运算，结果等于 01101110，用十进制表示就是～145 等于 110；对二进制的 01010101 进行按位取反运算，结果等于 10101010，用十进制表示就是～85 等于 176。

2．按位与运算符&

按位与运算符将两个运算对象按位进行与运算。与运算的规则：1 与 1 等于 1，1 与 0 等于 0，0 与 0 等于 0。比如：10010001（二进制）&11110000（二进制）等于 10010000（二进制）。

3．按位或运算符|

按位或运算符将两个运算对象按位进行或运算。或运算的规则是：1 或 1 等 1，1 或 0 等于 1，0 或 0 等于 0。比如 10010001（二进制）| 11110000（二进制）等于 11110001（二进制）。

4．按位异或运算符^

按位异或运算符将两个运算对象按位进行异或运算。异或运算的规则是：1 异或 1 等于 0，1 异或 0 等于 1，0 异或 0 等于 0。即：相同得 0，相异得 1。比如：10010001（二进制）^11110000（二进制）等于 01100001（二进制）。

5．按位左移运算符<<

按位左移运算符将整个数按位左移若干位，左移后空出的部分填 0。比如：8 位的 byte 型变量 byte a=0x65（即二进制的 01100101），将其左移 3 位：a<<3 的结果是 0x27（即二进制的 00101000）

6．按位右移运算符>>

按位右移运算符将整个数按位右移若干位，右移后空出的部分填 0。比如：8 位的 byte 型变量 byte a=0x65（即二进制的 01100101））将其右移 3 位：a>>3 的结果是 0x0c（二进制 00001100）。

【例 4-4】位运算符举例。

```
using System;

namespace Chapter4
{
    class Program
    {

        static void Main(string[] args)
        {
            int a = 1,b=7;
          a = a << 2;
          b = b >> 2;
          Console.Write("{0}        {1}", a,b);
        }
    }
}
```

运行结果：

```
4        1
```

4.3.6 认识条件运算符

？：为条件运算符，其使用格式为：

```
表达式1?表达式2：表达式3；
```

其中表达式 1 的结果必须为布尔型。该条件表达式的运行顺序是：先求解表达式 1，若为真则求解表达式 2，此时表达式 2 的值就作为整个表达式的值。若表达式 1 的值为假，则求解表达式 3，表达式 3 的值就是整个条件表达式的值。

```
int a=10,b=9;
a>b?a=1:a=2;
```

上述表达式中 a>b 的运行结果为 true，所以执行后的第一个式子，最终结果将 1 赋给 a。

4.3.7 认识 typeof 运算符

typeof 是一元运算符，用于返回任意一个类型的类型信息，typeof 运算符的语法如下：

```
Type type=typeof（类型）
```

当使用反射动态查找对象的信息时，使用这个运算符很有效。并且 typeof 运算符不能重载。

【例 4-5】typeof 运算符。

```
using System;
using System.Collections.Generic;
using System.Linq;
using System.Text;
namespace Chapter4
{
    class Program
    {
        static void Main(string[] args)
        {
            System.Type intType = typeof(int);
            Console.WriteLine("int类型的对象是：" + intType);
            System.Type uintType = typeof(uint);
            Console.WriteLine("uint类型的对象是：" + uintType);
            System.Type doubleType = typeof(double);
            Console.WriteLine("double类型的对象是：" + doubleType);
            System.Type boolType = typeof(bool);
            Console.WriteLine("bool类型的对象是：" + boolType);
            System.Type charType = typeof(char);
            Console.WriteLine("char类型的对象是：" + charType);
            System.Type byteType = typeof(byte);
            Console.WriteLine("byte类型的对象是：" + byteType);
            System.Type sbyteType = typeof(sbyte);
            Console.WriteLine("sbyte类型的对象是：" + sbyteType);
        }
    }
}
```

运行结果：

```
int类型的对象是：System.Int32
uint类型的对象是：System.UInt32
double类型的对象是：System.Double
bool类型的对象是：System.Boolean
```

char类型的对象是：System.Char
byte类型的对象是：System.Byte
sbyte类型的对象是：System.Sbyte

4.3.8　掌握运算符优先级

计算表达式时，会按照顺序处理每个运算符，但这并不意味着按照行为习惯全部从左到右地运用这些运算符，例如：

var1 = var2 + var3;

此段代码的运算顺序为先计算 var2 + var3，之后再将它的和赋给 var1，而并非按照从左到右的顺序执行。

混合运算时，则要根据运算符优先级选择运算顺序。例如：

var1 = var2 + var3*var4;

首先运行 var3*var4，之后将其结果与 var2 相加，将最后的值赋给 var1。

若想人为影响其运行顺序的话，需对其进行加()处理，例如：

var1 = (var2 + var3)*var4;

需先计算括号内的加法，之后再将和与 var4 相乘。

运算符的优先级一般按照表 4-7 执行。

表 4-7　运算符优先级

优先级	类别	运算符
高	基本	x.y、typeof、new
	一元	++、--、+、-、*、/
	位移	<<、>>
	关系运算符	<、>、>=、<=、is、as
	相等	==、!=
	逻辑	&、|、^
	逻辑	&&、||
	三元	?:
低	赋值	=、+=、-=、*=、/=

4.4　课后习题

一、选择题

（1）有 double　x=8.8，y=4.4，则表达式（int）x – y / y 的值是（　　）。

  A. 7　　　　　　　　B. 7.0　　　　　　　C. 7.5　　　　　　　　D. 8.0

（2）请问经过表达式 a = 3 + 1 > 5 ? 0 : 1 的运算，变量 a 的最终值是（　　）。

  A. 4　　　　　　　　　　　　　　　B. 0

  C. 1　　　　　　　　　　　　　　　D. 3

（3）下列哪个运算符可用于字符串的连接（　　）。

  A. +　　　　　　　　　　　　　　　B. *

  C. –　　　　　　　　　　　　　　　D. /

（4）C#中，执行下列语句变量 x 和 y 的值是（　　）。

```
int x=100;
int y=++x;
```

    A．x=100　　y=100　　　　　　　　B．x=101　　y=100

    C．x=100　　y=101　　　　　　　　D．x=101　　y=101

（5）在 C#中，下列代码运行后，变量 Max 的值是（　　）。

```
int a = 5,b = 10,c = 15,Max = 0;
Max = a > b ? a : b;
Max = c < Max ? c : Max;
```

    A．0　　　　　　　　B．5　　　　　　　　C．10　　　　　　　　D．15

（6）在 C#中，下列代码的运行结果是（　　）。

```
class Test
{
    static  void  Main(string [] args)
    {    int  a = 10,  b = 20;
        int  c = a > b ? a++ : --b;
        System.Console.WriteLine（c）;
    }
}
```

    A．10　　　　　　　B．11　　　　　　　C．19　　　　　　　D．20

二、程序题

（1）写出下列代码的输出结果。

```
class Test
{
    static  void  Main(string [] args)
    {
        int  x = 5;
        int  y = x++;
        System.Console.Write (y +  "    " );
        y = ++x;
        System.Console.WriteLine(y);
    }
}
```

（2）写出下列代码的输出结果。

```
class Test
{
    static void Main（string[] args）
    {
        int a=5,b=4,c=6,d;
        System.Console.WriteLine("{0}", d=a>b?(a>c?a:c):b);
    }
}
```

第5章

掌握类的基本概念

教学提示

本章主要讲授类的基本概念和内容。类是一种数据结构，它可以包含数据成员、函数成员和嵌套类型。继承是一种使子类（派生类）可以对基类进行扩展和专用化的机制。它表示对现实生活中一类具有共同特征的事物的抽象，是面向对象编程的基础。

教学目标

- 认识类的组成
- 认识分布定义
- 认识堆与栈

PART05

5.1 编写简单类

类是对象概念在面向对象编程语言中的反映，是相同对象的集合。类描述了一系列在概念上有相同含义的对象，并为这些对象统一定义了编程语言上的属性和方法。如水果就可以看作一个类，苹果、梨、葡萄都是该类的子类（派生类），苹果的生产地、名称（如富士苹果）、价格、运输途径相当于该类的属性，苹果的种植方法相当于类方法。果汁也可以看作一个类，包括苹果汁、葡萄汁、草莓汁等。简而言之，类是 C#中功能最为强大的数据类型，类定义了数据类型的数据和行为。然后，程序开发人员可以创建作为此类的实例对象。

微课：掌握类的基本概念（1）

在使用任何新的类之前都必须声明它。一旦一个类被声明，就可以当作一种新的类型来使用。类的声明格式如下：

```
【类修饰符】 class 【类名】 【基类或接口】
{
    【类体】
}
```

下面通过编写一个简单的计算器类展示认识类的结构和基本概念。

5.1.1 编写简单计算器类

在 C#中，通常通过关键字 class 来声明一个类。下面是一个 C#编写的计算器类的代码。

【例 5-1】计算器类。

```
namespace Chapters
{
class Calculator{
    private int x;
    private int y;
    public int getx(){return x;}
    public void setx(int x){this.x=x;}
    public int gety(){return y;}
    public void sety(int y){this.y=y;}
    public int jia(int x,int y){ return x+y;}
    public int jian(int x,int y){ return x−y;}
    public int cheng(int x,int y){ return x*y;}
    public int chu(int x,int y){ return x/y;}
    }
}
```

通过观察上面的代码可以看到，通常类的声明会使用 class 关键字，后面紧跟着的是类的名字 Calculator。大括号中是类中的成员，其中定义了两个 int 型的变量 x 和 y，它们的访问级别设定为 private。还定义了 getx()、setx(int x)、gety()、sety(int y)、jia(int x,int y)、jian(int x,int y)、cheng(int x,int y)、chu(int x,int y)八个函数，它们的访问级别设定为 public。x 和 y 这两个变量用于存储进行运算中的操作数，类内的函数用于写入和读取操作数的值和对操作数进行简单的四则运算并输出结果。在 C#中通常称类内部的变量为字段、内部的函数为方法，它们的定义和具体使用方法将在下一节进行介绍。

5.1.2　使用计算器类

在完成了计算器类的编写后，下一步可以使用这个类完成两个整数的四则运算。

【例 5-2】两个整数的四则运算。

```
using System;
using System.Collections.Generic;
using System.Linq;
using System.Text;

namespace Chapter5
{
    class Program
    {
        static void Main(string[] args)
        {
            int val_x=0;
            int val_y=0;
            int val_jia = 0;
            int val_jian = 0;
            int val_cheng = 0;
            int val_chu = 0;
            Calculator cal = new Calculator();
            cal.setx(8);
            cal.sety(4);
            val_x = cal.getx();
            Console.WriteLine("操作数x旳值为：" + val_x);
            val_y = cal.gety();
            Console.WriteLine("操作数y旳值为：" + val_y);
            val_jia = cal.jia(val_x, val_y);
            Console.WriteLine("x+y旳值为：" + val_jia);
            val_jian = cal.jian(val_x, val_y);
            Console.WriteLine("x–y旳值为：" + val_jian);
            val_cheng = cal.cheng(val_x, val_y);
            Console.WriteLine("x*y旳值为：" + val_cheng);
            val_chu = cal.chu(val_x, val_y);
            Console.WriteLine("x/y旳值为：" + val_chu);
        }
    }
}
```

在进入主程序（main）后首先定义了六个整型变量，分别存储操作数和四则运算的结果，并且把它们都初始化为 0。声明了一个计算器对象 cal，并利用 new 关键字初始化 cal。在 C#中通过在对象名后加 "."来调用类的内部公有属性和方法。通过 cal 对象调用 setx 和 sety 方法设定字段 x 和 y 的值

通过 cal 对象调用了 getx 和 gety 方法，通过返回值改变了变量 val_x 和 val_y 的值，并通过静

态类 Console 中 WriteLine 方法将变量 val_x 和 val_y 的值打印在屏幕上。

然后，通过 cal 调用 jia、jian、cheng、chu 四个方法将 val_x 和 val_y 的值进行四则运算，并将结果打印在屏幕上。

程序运行的结果如下。

```
操作数x的值为：8
操作数y的值为：4
x+y的值为：12
x-y的值为：4
x*y的值为：32
x/y的值为：2
```

5.2　认识类的成员

字段、属性和方法都是 C#程序中重要的组成部分。其中，字段存储类要满足其设计所需要的数据，属性提供灵活的机制来读取、编写或计算私有字段的值，而方法则以一部分构成代码块的形式存在，用来实现这一部分特定的功能。这一节通过上一节编写的计算器类，来学习和掌握怎样定义和使用这些类成员。

微课：掌握类的基本概念（2）

5.2.1　认识字段

字段，它是包含在类或结构中的对象或值。字段使类和结构可以封装数据。例如，一个立方体的长、宽、高，一辆汽车的速度、排气量、载重量都可以抽象为相应类中的字段。我们可以定义一个仅包含字段的简单类，例如将上一节中的计算器类进行改写，去掉其中的方法，就是一个仅包含字段的类，代码如下：

```
class Calculator{
        public int x;
        public int y;
    }
```

想要访问对象中的字段，可以通过在对象名称后面依次添加一个点和该字段的名称来实现，具体的形式如下：

```
[对象名].[字段名]
```

对于计算器类，如果要引用其中的字段，需要首先实例化计算器对象。再通过对象引用其中的字段，并改变它的值。如果想改变 x 和 y 字段的值可以编写以下代码：

```
Calculator cal = new Calculator();
cal.x=8;
cal.y=4;
```

声明字段时可以使用赋值运算符为字段指定一个初始值。代码如下：

```
class Calculator
{
        public int x=0;
        public int y=0;
}
```

x 和 y 字段在调用对象实例的构造函数之前初始化。如果构造函数为字段分配了值，则它将改写字段声明期间给定的任何值。

5.2.2　认识属性

属性是一种用于访问对象或类的特性的成员。

属性有访问器，这些访问器指定在它们的值被读取或者写入时需要执行的语句。因此属性提供了一种机制，它把读取和写入对象的某些特性与一些操作关联起来。可以像使用公有数据成员一样使用属性，但实际上它们是称为"访问器"的特殊方法。这使得数据在可被轻松访问的同时，仍能提供方法的安全性和灵活性。

属性是由一个 get 访问器和（或）一个 set 访问器构成。当读取属性时，执行 get 访问器的代码块。当向属性分配一个新值时，执行 set 访问器的代码块。不具有 set 访问器的属性被视为只读属性，不具有 get 访问器的属性被视为只写属性，同时具有这两个访问器的属性为可读可写属性。

get 访问器与方法相似，它必须返回属性类型的值；而 set 访问器类似于返回类型为 void 的方法，它使用称为 value 的隐式参数，此参数的类型是属性的类型。

程序中调用属性的方法和字段类似，语法格式如下：

```
[对象名].[属性名]
```

下面含属性的计算器，代码如下：

【例 5-3】含属性计算器类。

```csharp
using System;
using System.Collections.Generic;
using System.Linq;
using System.Text;


namespace Chapters
{
    class Calculator
    {
        private int x = 0;
        private int y = 0;
        public int VALUE_x
        {
            get
            { return x; }
            set
            { x = value; }
        }
        public int VALUE_y
        {
            get
            { return y; }
            set
            { y = value; }
        }
    }
}
```

```
class Program
{
    static void Main(string[] args)
    {
        Calculator cal = new Calculator();
        cal.VALUE_x = 8;
        cal.VALUE_y = 4;
        Console.WriteLine("valuex=" + cal.VALUE_x);
        Console.WriteLine("valuey=" + cal.VALUE_y);
    }
}
```

程序的运行结果如下。

```
valuex=8
valuey=4
```

5.2.3　认识方法

方法是包含一系列语句的代码块。在 C#中，每个执行指令都是在方法的访问中完成的。方法的声明格式如下：

```
[修饰符] [方法名]（参数列表）
{
    ...//代码
    [返回值]
}
```

方法在类或结构中声明，声明时需要指定访问级别、返回值、方法名称及方法参数，方法参数放在括号中，并用逗号隔开。括号中没有内容表示声明的方法没有参数。

方法声明可以包含一组特性和 private、public、protected、internal 四个访问修饰符的任何一个有效组合，还可以包含 new、static、virtual、override、sealed、abstract 以及 extern 等修饰符。

方法声明的返回类型指定了由该方法计算和返回值的类型，如果该方法并不返回值，则其返回值类型为 void。

下面完成一个简单的加法方法的编写。

```
public int jia(int x, int y)
{
    return x + y;
}
```

我们编写了一个简单的加法方法。属性为 public，返回值为 int 型，方法拥有两个整型形参，并返回了 x+y 的值。

方法分为静态方法和非静态方法。若一个方法声明中含有 static 修饰符，则该方法称为静态方法。若没有 static 修饰符，则该方法称为非静态方法。

静态方法不对特定实例进行操作，在静态方法中引用 this 会导致编译错误。可以在方法名前添加一个修饰符 static 来声明一个静态方法，修改一下上面的加法方法，代码如下：

```
public static int jia(int x, int y)
{
        return x + y;
}
```

在主函数中可以用类名 Calculator 直接调用自定义的静态方法，并传递两个参数。

非静态方法是对类的某个给定实例进行操作，而且可以用 this 来访问该方法。可以在主函数中实例化 Calculator 类的一个对象，再使用该对象名调用自定义的非静态方法，并传递两个参数。代码如下：

```
static void Main(string[] args)
{
        int sum = 0;
        Calculator cal = new Calculator();
        sum = cal.jia(8, 4);
        Console.WriteLine("sum=" + sum);
}
```

5.3　认识分部定义

在上一节中，我们认识了类中的成员，包括字段、属性和方法。我们在实现类的成员时，都在一个源文件中进行，有时我们可能需要在多个源文件中进行类的定义和实现，就需要用到分部类和分部方法。

微课：掌握类的
基本概念（3）

5.3.1　定义分部类

首先我们来看一下什么是分部定义。分部定义就是可以将类、结构或接口的定义拆分到两个或多个源文件中。每个源文件包含类定义的一部分，编译应用程序时将把所有部分组合起来。如果需要拆分类的定义的话，需要使用 partial 关键字。

我们在使用 Partial 关键字的时候需要注意以下几点：

（1）使用 partial 关键字表明可在命名空间内定义该类、结构或接口的其他部分；

（2）所有部分都必须使用 partial 关键字；

（3）各个部分必须具有相同的可访问性，如 public、private 等；

（4）如果将任意部分声明为抽象的，则整个类型都被视为抽象的；

（5）如果将任意部分声明为密封的，则整个类型都被视为密封的；

（6）如果任意部分声明继承基类时，则整个类型都将继承该类。

下面通过改写我们之前编写的计算器类，展示一下分部类的使用方法，代码如下：

【例 5-4】计算器分部类。

```
using System;
using System.Collections.Generic;
using System.Linq;
using System.Text;

namespace Chapter5
```

```
{
    partial class Calculator
    {
        private int x = 0;
        private int y = 0;
        public int VALUE_x
        {
            get
            { return x; }
            set
            { x = value; }
        }
        public int VALUE_y
        {
            get
            { return y; }
            set
            { y = value; }
        }
    }
    partial class Calculator
    {
        public int jia(int x, int y)
        {
            return x + y;
        }
    }
    class Program
    {
        static void Main(string[] args)
        {
        }
    }
}
```

利用 partial 关键字将 Calculator 类进行了分部定义，分别把类中的字段和属性与方法成员定义在了分部类中，但是我们运行程序，会发现结果和之前是相同的。

5.3.2 定义分部方法

同分部类类似，C#中还支持定义分部方法。分部方法的定义也需要 partial 关键字。分布方法允许将方法声明与方法实现分布于不同的文件中。下面继续改写我们的 Calculator 类，将其中的 jia 方法改写为分部方法。

【例 5-5】计算器分部方法。

```
namespace Chapter5
{
```

```
class Program
{
    partial class Calculator
    {
        private int x = 0;
        private int y = 0;
        public int VALUE_x
        {
            get
            { return x; }
            set
            { x = value; }
        }
        public int VALUE_y
        {
            get
            { return y; }
            set
            { y = value; }
        }
        partial void jia(int x, int y);
    }
    partial class Calculator
    {
        partial   void jia(int x, int y)
        {
            int sum = x + y;
            Console.WriteLine("sum=" + sum);
        }
        static void Main(string[] args)
        {
            Calculator cal = new Calculator();
            cal.jia(8, 4);
        }
    }
}
```

在代码中我们把方法 jia 分别放在了分部类 Calculator 中，同时把方法的定义和实现进行了分离，但是代码的输出结果不变。可以看到，代码中不仅将方法进行了分部定义，还改写了方法的返回类型。这是因为定义分部方法需要遵守许多规则。

（1）C#分部方法必须是私有的，不能返回值。

（2）分布方法不能具有访问修饰符或 virtual、abstract、override、new、sealed 或者 extern 修饰符。

（3）当分部方法没有实现代码时，C#编译器会在编译时删除其调用语句。

（4）使用分部方法允许我们在一个普通方法中插入一个方法占位符，从而为编写可随时添加功能的方法提供支持。

（5）分部方法不能有多个实现。

5.4　认识堆与栈

使用.Net 框架开发程序的时候，无须关心内存分配问题，因为有 GC（Garbage collection：垃圾收集器）。但内存中是如何存放，生命周期又如何？要想解释以上问题，我们就应该对.Net 下的栈（Stack）和托管堆（Heap）（简称堆）有个清楚认识。

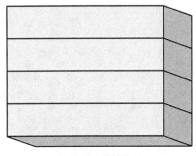

微课：掌握类的
基本概念（4）

5.4.1　认识栈

栈（stack）是一种运算受限的线性表。其限制是仅允许在表的一端进行插入和删除运算。这一端被称为栈顶，相对地，把另一端称为栈底。向一个栈插入新元素又称作进栈、入栈或压栈，它是把新元素放到栈顶元素的上面，使之成为新的栈顶元素；从一个栈删除元素又称为出栈或退栈，它是把栈顶元素删除掉，使其相邻的元素成为新的栈顶元素，栈的结构如图 5-1 所示。

栈通常保存着代码执行的步骤，我们可以把栈想象成一个接着一个叠放在一起的盒子。当使用的时候，每次从栈顶取走一个盒子。栈也是如此，当一个方法（或类型）被调用完成的时候，就从栈顶取走，接着下一个。

栈内存无须管理，也不受 GC 管理。当栈顶元素使用完毕，立马释放。

栈

图 5-1　栈结构图

5.4.2　认识堆

与栈不同，堆上存放的则多是对象、数据等。堆像是一个仓库，储存着待使用的各种对象等信息，跟栈不同的是它们被调用完毕不会立即被清理掉。而堆需要 GC（Garbage Collection：垃圾收集器）清理。

堆的结构如图 5-2 所示。

堆

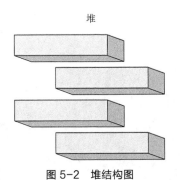

图 5-2　堆结构图

5.5 课后习题

选择题

（1）定义一个类需要使用哪个关键字（　　）。

    A．virtual   B．abstract   C．new   D．class

（2）类的主要成员包括哪些（　　）。

    A．字段   B．方法   C．属性   D．类别

（3）分部方法可以使用的返回类型为（　　）。

    A．void   B．int   C．string   D．float

（4）C#哪种类型是不能显示使用的（　　）。

    A．值类型   B．引用类型   C．指针   D．指令

第6章

使用类的方法

教学提示

本章重点讲授类的成员方法。方法是是包含一系列语句的代码块。程序通过调用该方法并指定任何所需的方法参数使语句得以执行。在 C#中，每个执行的指令均在方法的上下文中执行。Main 方法是每个 C#应用程序的入口点，并在启动程序时由公共语言运行时（CLR）调用。

教学目标

- 编写控制语句
- 认识方法的参数
- 认识返回值
- 认识方法重载和递归

6.1 编写控制语句

语句是完成一次完整操作的基本单位。默认情况下，程序的语句是顺序执行的。但是，如果一个程序只有顺序执行的语句，那么程序可能什么也做不了。在 C#中有很多控制语句，通过这些语句可以控制程序代码的执行次序，提高程序的灵活性，从而实现比较复杂的程序。

微课：使用类的
方法（1）

6.1.1 编写 if 语句

if 语句会根据一个布尔表达式的值选择一条语句块来执行，其基本的格式如下：

```
if ( [布尔表达式] )
{
    //[语句块]
}
```

如果使用上述格式，只有布尔表达式为 true 时，才执行语句块；否则跳过 if 语句，执行其他代码。下面编写一段代码，判断变量 i 是否大于 10，如果大于则输出字符串。

```
int i = 11;
if (i > 10)
{
    Console.WriteLine("i的值大于10");
}
```

除了上述基本格式外，if 语句还有另外一种格式，其基本形式如下：

```
if ( [布尔表达式] )
{
    //[语句块]
}
else
{
    //[语句块]
}
```

其中，【语句块】可以只有一条语句或者可以为空语句，如果有多条语句，可以将这些语句放在大括号中。在上面的两种格式中，else 子语句是可选的。

分析一下语句的执行流程，语句首先判断布尔表达式的值是否为 true。如果布尔表达式的值为 true，则程序执行第一个语句块；如果布尔表达式的值为 false，程序就会执行 else 子句的语句块。

现在修改一下上面的程序，声明一个 int 类型的变量 i，并将其初始化为 11。然后通过 if...else 语句来判断这个 i 的值是否大于 10，如果大于则输出语句"i 大于 10"，否则执行 else 子句，输出语句"i 不大于 10"。

【例 6-1】if 举例。

```
using System;
using System.Collections.Generic;
using System.Linq;
```

```
using System.Text;

namespace Chapter6
{
    class Program
    {
        static void Main(string[] args)
        {
            int i = 11;
            if (i > 10)
            {
                Console.WriteLine("i的值大于10");
            }
            else
            {
                Console.WriteLine("i的值不大于10");
            }
        }
    }
}
```

程序的运行结果为：

```
i的值大于10
```

编写程序时，要养成良好的编写习惯。在使用 if 语句时，通常是在 if 语句和 else 语句后使用大括号，甚至在只有一条语句时也使用大括号，并且对大括号内的语句使用缩进。这样，在以后添加其他语句时，就会变得很容易，同时也增加了代码的可读性，有助于避免错误。

当程序的条件判断式不止一个时，可能需要一个嵌套的 if...else 语句，也就是在 if 或 else 语句中的程序块中加入另一段 if 语句或者 if...else 语句。其基本格式为：

```
if ( [布尔表达式] )
{
    if ( [布尔表达式] )
    {
        //[语句块1]
    }
    else
    {
        //[语句块2]
    }
}
else
{
    if ( [布尔表达式] )
    {
        //[语句块3]
    }
```

```
        else
        {
            //[语句块4]
        }
}
```

【例 6-2】根据用户输入的年龄，输出相应的字符串。

```csharp
using System;
using System.Collections.Generic;
using System.Linq;
using System.Text;

namespace Chapter6
{
    class Program
    {
        static void Main(string[] args)
        {
            const int i = 18;              //声明一个int类型的常量i，值为18
            const int j = 30;              //声明一个int类型的常量j，值为30
            const int k = 50;              //声明一个int类型的常量k，值为50
            int YouAge = 0;                //声明一个int类型的常量YouAge，值为0
            Console.WriteLine("请输入年龄：");        //输出提示信息
            YouAge = int.Parse(Console.ReadLine());   //获取用户输入数据
            if (YouAge <= i)                          //调用if语句判断输入数据是否小于等于18
            {
                //如果小于18则输出提示信息
                Console.WriteLine("您的年龄还小，还需要努力奋斗哦！");
            }
            else    //否则
            {
                if (i < YouAge && YouAge <= j)    //判断输入数据是否大于18且小于等于30
                {
                    //输入数据大于18且小于等于30，输出提示信息
                    Console.WriteLine("您的现在的阶段正是努力奋斗的黄金阶段！");
                }
                else    //否则
                {
                    if (j < YouAge && YouAge <= k)    //判断输入数据是否大于30且小于等于50
                    {
                        //输入数据大于30且小于等于50，输出提示信息
                        Console.WriteLine("您现在的阶段正是人生的黄金阶段！");
                    }
                    else
                    {
                        //输出提示信息
```

```
                    Console.WriteLine("最美不过夕阳红！ ");
                }
            }
        }
        Console.ReadLine();
    }
  }
}
```

程序运行的结果如下。

```
30
您的现在的阶段正是努力奋斗的黄金阶段！
```

6.1.2 编写 switch 语句

switch 语句是多分支选择语句，它根据表达式的值来使程序从多个分支中选择一个用于执行的分支。switch 语句的基本格式如下：

```
switch ( [表达式] )
{
    case [常量表达式]:
        //[语句块]
        break;
    case [常量表达式]:
        //[语句块]
        break;
    case [常量表达式]:
        //[语句块]
        break;
    ...
    defualt:语句块
        break;
}
```

switch 关键字后面的括号中是条件表达式，大括号{}中的程序代码是由数个 case 子句组成的。每个 case 关键字后面都有语句块，这些语句块都是 switch 语句可能执行的语句块。如果符合条件值，则 case 后的语句块就会被执行，语句块执行完毕后，紧接着会执行 break 语句，使程序跳出 switch 语句。在 switch 语句中，【表达式】的类型必须是 sbyte、byte、short、ushort、int、uint、long、ulong、char、string 和枚举类型中的一种。【常量表达式】的值必须是与【表达式】的类型兼容的常量，并且在一个 switch 语句中，不同 case 关键字后面【常量表达式】必须不同。如果指定了相同的【常量表达式】，会导致编译出错。一个 switch 语句中只能有一个 default 标签。在 switch 语句中，在 case 子句的语句块后经常使用 break 语句，其主要的作用是跳出 switch 语句。

在许多情况下，switch 语句可以简化 if…else 语句，而且执行效率更高。

下面通过一段代码演示如何使用 switch 语句。

【例 6-3】创建一个控制台程序，在用户输入的月份，输出月份所在的季节。

```
using System;
using System.Collections.Generic;
```

```
using System.Linq;
using System.Text;

namespace Chapter6
{
    class Program
    {
        static void Main(string[] args)
        {
            Console.WriteLine("请输入一个月份：");                //输出提示信息
            int MyMouth = int.Parse(Console.ReadLine());        //声明一个int类型的变量，用于获取用户输
入的数据
            string MySeason;                                    //声明一个字符串变量
            switch (MyMouth)                                    //调用switch语句
            {
                case 12:
                case 1:
                case 2:
                    MySeason = "您输入的月份属于冬季!";//如果输入1、2、12，则执行此分支
                    break;                                      //跳出switch语句
                case 3:
                case 4:
                case 5:
                    MySeason = "您输入的月份属于春季!";    //如果输入3、4、5，则执行此分支
                    break;                                      //跳出switch语句
                case 6:
                case 7:
                case 8:
                    MySeason = "您输入的月份属于夏季!";    //如果输入6、7、8，则执行此分支
                    break;                                      //跳出switch语句
                case 9:
                case 10:
                case 11:
                    MySeason = "您输入的月份属于秋季!";    //如果输入9、10、11，则执行此分支
                    break;                                      //跳出switch语句
                //输出不满足以上4个分支内容，则执行default语句
                default:
                    MySeason = "输入月份错误";
                    break;
            }
            Console.WriteLine(MySeason);
            Console.ReadLine();
        }
    }
}
```

6.1.3 编写 while 语句

while 语句用于根据条件值执行一条语句零次或者多次,当每次 while 语句中的代码执行完毕时,将重新查看是否符合条件值,若符合则再次执行相同的程序代码;否则跳出 while 语句,执行其他程序代码。while 语句的基本格式如下:

```
while ( [布尔表达式] )
{
    [语句块]
}
```

while 语句的执行顺序如下:

(1)计算【布尔表达式】的值。

(2)如果【布尔表达式】的值为 true,程序执行【语句块】。执行完毕重新计算【布尔表达式】的值是否为 true。

(3)如果【布尔表达式】的值为 false,则控制将转移到 while 语句的结尾。

下面通过实例演示如何使用 while 语句。

创建一个程序,定义一个整型的数组,并初始化数组。然后通过 while 语句循环输出数组中的所有成员。

【例 6-4】while 循环举例。

```
using System;
using System.Collections.Generic;
using System.Linq;
using System.Text;

namespace Chapter6
{
    class Program
    {
        static void Main(string[] args)
        {
            //声明一个int类型的数组,并初始化
            int[] myNum = new int[6] { 927, 23, 111, 4, 100, 524 };
            int s = 0;              //声明一个int类型的变量s并初始化为0
            while (s < 6)           //调用while语句,当s小于6时执行
            {
                Console.WriteLine("myNum[{0}]的值为{1}", s, myNum[s]);
                s++;                //s自增1
            }
            Console.ReadLine();
        }
    }
}
```

程序运行结果为:

myNum[0]的值为927

myNum[1]的值为23

myNum[2]的值为111

myNum[3]的值为4

myNum[4]的值为100

myNum[5]的值为524

在 while 语句的嵌入语句块中，break 语句可用于将控制转到 while 语句的结束点，而 continue 语句可用于将控制直接跳转到下一次循环。

【例 6-5】创建一个程序，声明两个 int 类型的变量 s 和 num，并分别初始化为 0 和 80。然后通过 while 语句循环输出，当 s 大于 40 时，使用 break 语句终止循环；当 s 为偶数时，使用 continue 语句将程序转到下一次循环。

```
using System;
using System.Collections.Generic;
using System.Linq;
using System.Text;

namespace Chapter
{
    class Program
    {
        static void Main(string[] args)
        {
            int s = 0, num = 80;        //声明两个int类型的变量并初始化
            while (s < num)             //调用while语句，当s小于num时执行
            {
                s++;                    //s自增1
                if (s > 40)             //使用if语句判断s是否大于40
                {
                    break;              //使用break语句终止循环
                }
                if (s % 2 == 0)         //调用if语句判断s是否为偶数
                {
                    continue;           //使用continue语句将程序转到下一次循环
                }
                Console.WriteLine(s); //输出s
            }
            Console.ReadLine();
        }
    }
}
```

程序的运行结果为：

1 3 5 7 9 11 13 15 17 19 21 23 25 27 29 31 33 35 37 39

6.1.4 编写 do...while 语句

do...while 语句与 while 语句相似，它的判断条件在循环后。do...while 循环在计算条件表达式之前执行一次，其基本的形式如下：

```
do
{
    [语句块]
}while（[布尔表达式]）;
```

do...while 语句的执行顺序如下：

（1）程序首先执行【语句块】。

（2）当程序到达【语句块】的结束点时，计算【布尔表达式】的值。如果【布尔表达式】值是 true。程序转到 do...while 语句的开头；否则，结束循环。

【例 6-6】创建一个程序，声明一个 bool 类型的变量 term，并初始化为 false。再声明一个 int 类型的数组，并初始化数组。然后调用 do...while 语句，并循环输出数组中的值。

```csharp
using System;
using System.Collections.Generic;
using System.Linq;
using System.Text;

namespace Chapter6
{
    class Program
    {
        static void Main(string[] args)
        {
            bool term = false;          //声明一个bool型的变量term并初始化为false
            //声明一个int型数组并初始化
            int[] myArray = new int[5] { 0, 1, 2, 3, 4 };
            do                          //调用do...while语句
            {
                int i = 0;
                while( i < myArray.Length)    //调用for语句输出数组中的所有数据
                {
                    Console.WriteLine(myArray[i]);
                    i++; //输出数组中的数据
                }
            } while (term);                          //设置do...while语句条件
            Console.ReadLine();
        }
    }
}
```

程序的运行结果为：

```
0
1
```

```
2
3
4
```

从代码中可以看出，bool 类型变量 term 被初始化为 false。但是 do...while 语句依然执行一次 for 循环，将数组中的值输出。由此可以说明，do...while 语句至少执行代码一次，无论最后的条件是 true 还是 false。

6.1.5 编写 for 语句

for 语句用于计算一个初始化序列，当某个条件为真时，重复执行嵌套语句并计算第一个迭代表达序列。如果为假则终止循环，退出 for 循环。for 语句的基本形式如下：

```
for（[初始化表达式];[条件表达式];[迭代表达式]）
{
    [语句块]
}
```

【初始化表达式】由一个局部变量声明或者由一个逗号分隔表达式组成。用【初始化表达式】声明的局部变量的作用从变量声明开始，一直到嵌入语句的结尾。【条件表达式】必须是一个布尔表达式。【迭代表达式】必须包含一个用逗号分隔的表达式列表。

for 语句的执行顺序如下：

（1）如果没有【初始化表达式】，则按变量初始值设定项或语句表达式的书写顺序指定它们，此步骤只执行一次；

（2）如果存在【条件表达式】，则计算它；

（3）如果不存在【条件表达式】，则程序将转移到嵌入语句。如果程序到达了嵌入语句的结束点，则顺序计算【迭代表达式】，然后从上一个步骤中根据【条件表达式】计算结果，确定是否执行【迭代表达式】。

for 循环是循环语句中最常用的一种，它体现了一种规定次数、逐次反复的功能。但是由于代码编写方式的不同，所以也可以实现其他循环的功能。

【例 6-7】创建一个程序，首先声明一个 int 类型的数组。然后向数组中添加 10 个值。最后使用 for 循环语句遍历数组，并将数组中的值输出。

```
using System;
using System.Collections.Generic;
using System.Linq;
using System.Text;

namespace Chapter6
{
    class Program
    {
        static void Main(string[] args)
        {
            int[] myint = new int[10]; //声明一个具有10个元素的整形数组
            myint[0] = 0;           //向数组中添加第1个元素
            myint[1] = 1;           //向数组中添加第2个元素
```

```
        myint[2] = 2;          //向数组中添加第3个元素
        myint[3] = 3;          //向数组中添加第4个元素
        myint[4] = 4;          //向数组中添加第5个元素
        myint[5] = 5;          //向数组中添加第6个元素
        myint[6] = 6;          //向数组中添加第7个元素
        myint[7] = 7;          //向数组中添加第8个元素
        myint[8] = 8;          //向数组中添加第9个元素
        myint[9] = 9;          //向数组中添加第10个元素
        for (int i = 0; i < myint.Length; i++)
        {
            Console.WriteLine("myint[{0}]的值是：{1}", i, myint[i]);//输出结果
        }
        Console.ReadLine();
    }
  }
}
```

程序的运行结果如下：

```
myint[0]的值是：0
myint[1]的值是：1
myint[2]的值是：2
myint[3]的值是：3
myint[4]的值是：4
myint[5]的值是：5
myint[6]的值是：6
myint[7]的值是：7
myint[8]的值是：8
myint[9]的值是：9
```

6.1.6 编写 break 语句

break 语句只能应用在 switch、while、do...while、for 语句中，break 语句必须含在这几种语句中，否则会出现编译错误。当多条 switch、while、do...while、for 语句相互嵌套时，break 语句只应用于最里层的语句。如果要穿越多个嵌套层，则必须使用 goto 语句。

下面主要举例说明 break 语句在 switch 语句和 for 语句中的使用。

【例 6-8】创建一个程序，声明一个 int 类型的变量 i，用于获取当前日期的返回值。然后通过使用 switch 语句根据变量 i 输出当前日期是星期几。

```
using System;
using System.Collections.Generic;
using System.Linq;
using System.Text;

namespace Chapter6
{
    class Program
```

```
static void Main(string[] args)
{
    int i = Convert.ToInt32(DateTime.Today.DayOfWeek);      //获取当前日期的数值
    switch (i)                                              //调用switch语句
    {
        //如果i是1，则输出今天是星期一
        case 1: Console.WriteLine("今天是星期一"); break;
        //如果i是2，则输出今天是星期二
        case 2: Console.WriteLine("今天是星期二"); break;
        //如果i是3，则输出今天是星期三
        case 3: Console.WriteLine("今天是星期三"); break;
        //如果i是4，则输出今天是星期四
        case 4: Console.WriteLine("今天是星期四"); break;
        //如果i是5，则输出今天是星期五
        case 5: Console.WriteLine("今天是星期五"); break;
        //如果i是6，则输出今天是星期六
        case 6: Console.WriteLine("今天是星期六"); break;
        //如果i是7，则输出今天是星期日
        case 7: Console.WriteLine("今天是星期日"); break;
    }
    Console.ReadLine();
}
```

程序的运行结果为：

今天是星期一

【例 6-9】创建一个程序，使用两个 for 语句做嵌套循环。在内层 for 语句中，使用 break 语句，实现当 int 类型变量 j 等于 12 时，跳出循环。

```
using System;
using System.Collections.Generic;
using System.Linq;
using System.Text;

namespace Chapter6
{
    class Program
    {
        static void Main(string[] args)
        {
            for (int i = 0; i < 4; i++)                //调用for语句
            {
                Console.Write("\n第{0}次循环：", i);      //输出提示是第几次循环
                for (int j = 0; j < 200; j++)          //调用for语句
                {
                    if (j == 12)                       //如果j的值等于12
```

```
                    break;                              //终止循环
                    Console.Write(j + " ");             //输出j
                }
            }
            Console.ReadLine();
        }
```

其结果如下：

第0次循环：0 1 2 3 4 5 6 7 8 9 10 11
第1次循环：0 1 2 3 4 5 6 7 8 9 10 11
第2次循环：0 1 2 3 4 5 6 7 8 9 10 11
第3次循环：0 1 2 3 4 5 6 7 8 9 10 11

从程序的运行结果可以看出，使用 break 语句只终止了内层循环，并没有影响到外部的循环，所以程序依然经历了 4 次循环。

6.1.7 编写 continue 语句

continue 语句只能应用与 while、do...while、for 等语句中，用来忽略循环语句块内位于它后面的代码而直接开始一次新的循环。当多个 while、do...while、for 等语句相互嵌套时，continue 语句只能使直接包含它的循环语句开始一次新的循环。

【例 6-10】创建一个程序，使用两个 for 语句做嵌套循环。在内层的 for 语句中，使用 continue 语句，实现当 int 类型变量 j 为偶数时，不输出；重新开始内层的 for 循环，只输出 0~20 内所有的奇数。

```
using System;
using System.Collections.Generic;
using System.Linq;
using System.Text;

namespace Chapter6
{
    class Program
    {
        static void Main(string[] args)
        {
            for (int i = 0; i < 4; i++)                 //调用for语句
            {
                Console.Write("\n第{0}次循环：", i);      //输出提示是第几次循环
                for (int j = 0; j < 20; j++)            //调用for语句
                {
                    if (j % 2 == 0)                     //调用if语句判断j是否为偶数
                        continue;                       //如果是偶数，使用continue进入下一循环
                    Console.Write(j + " ");             //输出j
                }
                Console.WriteLine();
```

```
            }
            Console.ReadLine();
        }
```

其结果如下：

第0次循环：1 3 5 7 9 11 13 15 17 19

第1次循环：1 3 5 7 9 11 13 15 17 19

第2次循环：1 3 5 7 9 11 13 15 17 19

第3次循环：1 3 5 7 9 11 13 15 17 19

从程序的执行结果可以看出，当 int 类型的变量 j 为偶数时，使用 continue 语句，忽略它后面的代码，而重新执行内层的 for 循环，0～20 的奇数。这期间，程序依然执行了 4 次循环。

6.1.8　编写 goto 语句

goto 语句用于将控制转移到由标签标记的语句。goto 语句可以被应用在 switch 语句中的 case 标签和 default 标签，以及标记语句声明的标签。goto 语句的三种形式如下：

goto [标签]

goto case [参数表达式]

goto　default

goto【标签】语句的目标是具有给定标签的标记语句，goto case 语句的目标是它所在的 switch 语句中的某个语句列表，此列表包含一个具体给定常数的 case 标签，goto default 语句的目标是它所在的那个 switch 语句中的 default 标签。

【例 6-11】创建一个程序，通过 goto 语句实现程序跳转到指定语句。

```csharp
using System;
using System.Collections.Generic;
using System.Linq;
using System.Text;

namespace _6_11
{
    class Program
    {
        static void Main(string[] args)
        {
            Console.WriteLine("请输入要查找的文字：");        //输出提示信息
            string inputstr = Console.ReadLine();            //获取输入值
            string[] mystr = new string[5];                  //创建一个字符串数组
            mystr[0] = "用一生下载你";                        //向数组中添加第1个元素
            mystr[1] = "芸桦湘枫";                            //向数组中添加第2个元素
            mystr[2] = "一生所爱";                            //向数组中添加第3个元素
            mystr[3] = "情茧";                               //向数组中添加第4个元素
            mystr[4] = "风华绝代";                            //向数组中添加第5个元素
            for (int i = 0; i < mystr.Length; i++)           //调用for循环语句
            {
```

```
                    if (mystr[i].Equals(inputstr))              //通过if语句判断是否存在输入的字符串
                    {
                        goto Found;                             //调用goto语句跳转到Found
                    }
                }
                Console.WriteLine("您查找的{0}不存在！", inputstr);   //输出信息
                goto Finish;                                    //调用goto语句跳转到finish
            Found:
                //输出信息，提示存在输入的字符串
                Console.WriteLine("您查找的{0}存在！", inputstr);
            Finish:
                Console.WriteLine("查找完毕");                     //输出信息，提示查找完毕
                Console.ReadLine();
            }
```

程序运行结果如下：

请输入您要查找的文字：
风华绝代
您查找的风华绝代存在
查找完毕

虽然 goto 语句有一定的使用价值，但是目前对它的使用存在争议。有人建议避免使用它，有人建议把它用作排除错误的基本工具，各种观点截然不同。虽然不用 goto 语句也能够编程，但是仍然有人在使用它。所以要小心使用，同时一定要确保程序是可维护的。

6.2　认识参数

参数是 C#中的一个重要的概念。C#中参数的类型多种多样，不同类型的参数作用和应用方法不同。本节将介绍输出参数、引用参数、参数数组、命名参数和可选参数。

微课：使用类的
方法（2）

6.2.1　认识形参与实参

通常所称的形参，也就是形式参数，指的是在定义方法中指定的参数在未出现函数调用时，它们并不占内存中的存储单元，只有在发生函数调用时，函数中的形参才被分配内存单元。在调用结束后，形参所占的内存单元也被释放。

实参可以是常量、变量和表达式，但要求有确定的值。在调用时，参数的值赋在内存中进行，实参单元和形参单元是不同的单元。在调用函数时，给形参分配存储单元，并将实参对应的值传递给形参，调用结束后，形参单元被释放，实参单元仍保留原值。

C#中有两种类型的数据，一种为值类型；另一种为引用类型。理解这两种数据类型，有利于进一步编程和实现。它们最大的区别就是存储的位置不同，值类型存储在内存的栈中，引用类型存储在内存堆中，栈中的内存不需要自己就能回收，内存堆中的数据需要.NET Framework 自己的内存清理机制进行回收。

下面通过一个例子来讲解形参和实参的特点。

首先定义一个带参数的方法，方法的作用是交换两个变量的值。代码如下：

```
static void Exchange(int x, int y)
{
    int flag = x;
    flag = y;
    y = x;
    x = flag;
}
```

其中，int x、int y 为形参，通过如下方式进行方法调用，调用方法名、参数个数和参数类型都要对应一致，代码如下：

```
static void Main(string[] args)
{
    int a = 2;
    int b = 5;
    Exchange(a, b);
    Console.WriteLine("a="+a.ToString()+"\r\n"+"b="+b.ToString());
}
```

调用 Exchange(a,b)方法的时候，程序会给 a 和 b 分别复制一个相同的 a 和 b，然后去执行方法，当方法执行结束之后，根据 GC 机制，刚刚分配的地址会被清除掉，所以在执行 Exchange(a,b)之后，Main 方法的 a 和 b 值是没有发生变化的。

6.2.2 认识引用参数

通常说的引用参数就是以 ref 修饰符声明。传递的参数实际上是实参的指针，所以在方法中的操作都是直接对实参进行的，而不是复制一个值，可以利用这个方式在方法调用时双向传递参数。为了以 ref 方式使用参数，必须在方法声明和方法调用中都明确地指定 ref 关键字，并且实参变量在传递给方法前必须进行初始化。

ref 关键字使参数按引用传递。其效果是，当控制权传递回调用方法时，在方法中对参数所做的任何更改都将反映在该变量中。

在使用引用参数时要注意以下几点：

（1）若要使用 ref 参数，则方法定义和调用方法都必须显式使用 ref 关键字；

（2）传递到 ref 参数的参数必须最先初始化。这与 out（之后会讲到）不同，out 的参数在传递之前不需要显式初始化；

（3）如果一个方法采用 ref 或 out 参数，而另一个方法不采用这两类参数，则可以进行重载。

下面用 ref 关键字修改一下上一个 Exchange 方法，实现两个数字的交换，代码如下：

```
static void Exchange(ref int x, ref int y)
{
    int flag = x;
    flag = y;
    y = x;
    x = flag;
}
```

在 main 方法中进行调用，代码如下：

```
static void Main(string[] args)
{
    int a = 2;
    int b = 5;
    Exchange(ref a,ref b);
    Console.WriteLine("a="+a.ToString()+"\r\n"+"b="+b.ToString());
}
```

输出之后会发现，Exchange 方法实现了两个变量值的交换。

6.2.3 认识输出参数

out 关键字会导致参数通过引用来传递。这与 ref 关键字类似。但又与 ref 的不同之处，具体如下。

（1）ref 要求变量必须在传递之前进行初始化，out 参数传递的变量不需要在传递之前进行初始化。

（2）尽管作为 out 参数传递的变量不需要在传递之前进行初始化，但是在方法返回前，必须对参数进行赋值。

如果应用 out 关键字实现两个变量相加并输出和的目的，示例代码如下：

```
static void Add(int a, int b, out int sum)
    {
        sum = a + b;
    }
```

同样，在调用 Exchange 方法时也要使用 out 关键字，代码如下：

```
static void Main(string[] args)
    {
        int a = 2;
        int b = 5;
        int sum = 0;
        Add(a,b,out sum);
        Console.WriteLine("a=" + a.ToString() + "\r\n" + "b=" + b.ToString() + "\r\n" + "sum=" + sum.
ToString());
    }
```

输出后，发现通过输出参数可以完成两个变量相加并输出和。

6.2.4 认识参数数组

通过关键字 params 定义参数数组，主要用于在对数组长度未知（可变）的情况下进行方法声明，调用时可以传入个数不同的实参，具备很好的灵活性。

【例 6-12】参数数组的编程用法。

```
using System;
using System.Collections.Generic;
using System.Linq;
using System.Text;
```

```
namespace Chapter6
{
    class Program
    {
        public static void UseParams(params int[] list)
        {
            for (int i = 0; i < list.Length; i++)
            {
                Console.WriteLine(list[i]);
            }
            Console.WriteLine();
        }
        public static void UseParams2(params object[] list)
        {
            for (int i = 0; i < list.Length; i++)
            {
                Console.WriteLine(list[i]);
            }
            Console.WriteLine();
        }
        static void Main(string[] args)
        {
            UseParams(1, 2, 3);
            UseParams2(1, 'a', "test");
            int[] myarray = new int[3] { 10, 11, 12 };
            UseParams(myarray);
        }
    }
}
```

程序的输出结果如下：

```
1
2
3

1
a
test

10
11
12
```

当然在应用 params 关键字定义参数数组时，需要注意以下几点：

（1）只能在一维数组上使用 params 关键字；

（2）不能重载一个只基于 params 关键字的方法。params 关键字不构成方法的签名的一部分；

（3）不允许 ref 或 out params 数组；

（4）params 数组必须是方法的最后一个参数（也就是只能有一个 params 数组参数）；

（5）编译器会检查并拒绝任何可能有歧义的重载；

（6）非 params 方法总是优先于一个 params 方法。

6.2.5　认识命名参数

命名参数是把参数附上参数名称，这样在调用方法的时候不必按照原来的参数顺序填写参数，只需要对应好参数的名称也能完成方法。在调用时其格式如下：

[对象名].[方法名]（[形参1]:[实参1],[形参2]:[实参2],[形参3]:[实参3]... ）

【例 6-13】命名参数的用法。

```
using System;
using System.Collections.Generic;
using System.Linq;
using System.Text;

namespace Chapter6
{
    class Program
    {
        static void Main(string[] args)
        {
            Console.WriteLine(ShowComputer("i3 370M", "2G", "320G"));
            Console.WriteLine(ShowComputer(disk: "320G", cpu: "i3 370M", ram: "2G"));
            Console.Read();
        }
        private static string ShowComputer(string cpu, string ram, string disk)
        {
            return "My computer ... \nCpu:" + cpu + "\nRam:" + ram + "\nDisk:" + disk + "\n";
        }
    }
}
```

上述代码的两次输出结果都是相同的。可以看出通过命名参数虽然改变了参数的顺序，并没有影响输出的结果。

6.2.6　认识可选参数

可选参数，是指给方法的特定参数指定默认值，在调用方法时可以省略掉这些参数。应用可选参数的方法在被调用时可以选择性地添加需要的参数，但是在使用可选参数时需要注意以下几点：

（1）可选参数不能为参数列表的第一个参数，必须位于所有的必选参数之后（除非没有必选参数）；

（2）可选参数必须指定一个默认值，且默认值必须是一个常量表达式，不能为变量；

（3）所有可选参数以后的参数都必须是可选参数。

【例 6-14】可选参数用法。

```
using System;
using System.Collections.Generic;
```

```
using System.Linq;
using System.Text;

namespace Chapter6
{
    class Program
    {
        static void Main(string[] args)
        {
            Console.WriteLine(ShowComputer());
            Console.WriteLine(ShowComputer("P5300", "1G"));
            Console.Read();
        }
        private static string ShowComputer(string cpu = "i3 370M", string ram = "4G", string disk = "320G")
        {
            return "My computer ... \nCpu:" + cpu + "\nRam:" + ram + "\nDisk:" + disk + "\n";
        }
    }
}
```

代码结果如下：

```
My computer...
Cpu: i3 370M
Ram: 4G
Disk: 320G

My computer...
Cpu: P5300
Ram: 1G
Disk: 320G
```

【例6-15】命名参数和可选参数结合使用。

```
using System;
using System.Collections.Generic;
using System.Linq;
using System.Text;

namespace Chapter6
{
    class Program
    {
        static void Main(string[] args)
        {
            Console.WriteLine(ShowComputer("i3 370M", "2G", "320G"));
            Console.Read();
        }
        private static string ShowComputer(string cpu, string ram, string disk)
```

```
        {
            return "My computer ... \nCpu:" + cpu + "\nRam:" + ram + "\nDisk:" + disk + "\n";
        }
    }
}
```

运行结果如下：

My computer...

Cpu: i3 370M

Ram: 3G

Disk: 320G

程序只赋值给了第二个参数 ram，其他参数均为默认值，通过运行结果可以看出，这样命名参数和可选参数都发挥了它们独特的作用。

6.3 认识返回

方法的返回值是指类的方法被调用之后，执行方法体中的程序段所取得的值，可以通过 return 语句返回。返回值是通过方法最简单地进行数据交换的方式，有返回值的方法会计算这个值，其方式与在表达式中使用变量计算它们包含的值完全相同。

微课：使用类的
方法（3）

6.3.1 使用 return

如果方法有返回类型，return 语句必须返回这个类型的值；如果方法没有返回类型，应使用没有表达式的 return 语句。

下面通过一个例子来认识一下怎样使用 return 语句。创建一个程序，建立一个返回类型为 string 类型的方法，利用 return 语句，返回一个 string 类型的值。然后在 main 方法中调用这个自定义的方法，并输出这个方法的返回值。

【例 6-16】return 用法。

```
static string MyStr(string str)            //创建一个string类方法
{
    string OutStr;                          //声明一个字符串变量
    OutStr = "您输入的数据是" + str;        //为字符串变量赋值
    return OutStr;                          //使用return语句返回字符串变量
}
static void Main(string[] args)
{
    Console.WriteLine("请您输入内容")       //输出提示信息
    string inputstr = Console.ReadLine();   //获取输入的数据
    Console.WriteLine(MyStr(inputstr));     //调用MyStr方法并将结果显示出来
    Console.ReadLine();
}
```

程序结果如下：

您好C#

您输入的数据是您好C#

6.3.2　返回值类型和 void

与变量一样，返回值也有数据类型。当方法返回一个值时，可以修改方法：

（1）在方法声明中指定返回值的类型，但不适用 void 关键字；

（2）使用 return 关键字结束方法的执行，把返回值传递给调用代码。

在执行到 return 语句时，程序会立即返回调用代码。这个语句后面的代码都不会执行。但是，这并不意味着 return 语句只能放在方法的最后一行。可以在前面的代码里使用 return，也可能在执行了分支逻辑之后使用。把 return 语句放在 for 循环、if 块或者其他结构中会使该结构立即终止，方法也立即终止。下面定义一个检查数值方法，代码如下：

```
static double GetVal()
{
        double checkVal=0.0;
        if (checkVal < 5)
                return 4.7;
        return 3.2;
}
```

根据 checkVal 的值，将返回两个值中的一个。这里唯一的限制是 return 语句必须在函数的闭合大括号{之前处理。下面的代码是不合法的：

```
static double GetVal()
{
        double checkVal=0.0;
        if (checkVal < 5)
                return 4.7;
}
```

如果 checkVal>=5，就不会执行 return 语句，这是不允许的。所有的处理路径都必须执行到 return 语句。

最后需要注意的是，return 可以用在通过 void 关键字声明的方法中（没有返回值）。

6.4　方法重载

方法重载是指调用同一方法名，但各方法中参数的数据类型、个数或顺序不同。只要在类中有两个以上的同名方法，但是使用的参数类型、个数或顺序不同，调用时，编译器即可判断在哪种情况下调用哪种方法。

微课：使用类的方法（4）

6.4.1　理解方法签名

方法签名由方法名称和一个参数列表（方法的参数顺序和类型）组成。

当一个方法被调用时，C#用方法签名确定调用的是哪一个方法。因此，每个重载方法的参数列表必须是不同的。虽然每个重载方法可以有不同的返回类型，返回类型并不足以区分所调用的是哪个方法。当 C#调用一个重载方法时，参数与调用参数相匹配的方法被执行。

6.4.2 使用方法重载定义四则运算

在上一章中，我们编写的计算器类只能对 int 类型的变量进行四则运算，但在实际应用当中还必须用到不同类型的变量，因此可以应用方法重载定义四则运算，以加法为例，定义一个重载方法 Add，并在 main 方法中分别调用其各种重载形式对传入的参数进行计算。

【例 6-17】重载。

```
using System;
using System.Collections.Generic;
using System.Linq;
using System.Text;

namespace Chapter6
{
    class Program
    {
        public static int Add(int x,int y)
        {
            return x + y;
        }

        public static double Add(int x, double y)
        {
            return x + y;
        }

        public static int Add(int x, int y, int z)
        {
            return x + y + z;
        }
        static void Main(string[] args)
        {
            int x = 3;
            int y = 5;
            int z = 7;
            double y2 = 5.5;
            //根据传入的参数类型及参数个数的不同调用不同Add重载方法
            Console.WriteLine(x + "+" + y + "=" + Add(x, y));
            Console.WriteLine(x + "+" + y2 + "=" + Add(x, y2));
            Console.WriteLine(x + "+" + y + "+" + z + "=" + Add(x, y, z));
        }
    }
}
```

运行的结果为：

```
3+5=8
3+5.5=8.5
3+5+7=15
```

6.5 认识递归

在调用一个方法的过程中又出现直接或间接调用该方法本身，称为方法的递归调用。C#语言的特色之一就是允许方法的递归调用，举一个简单的例子：

微课：使用类的
方法（5）

```
public static int f(int x)
{
    int y,z;
    z=f(y);                  //在执行f函数过程中又要调用f方法
    return (2*z);
}
```

在调用函数 f 的过程中，又要调用 f 方法，这是直接调用本方法，如图 6-1 所示。

如果在调用 f1 方法过程中要调用 f2 方法，而在调用 f2 函数过程中又要调用 f1 方法，就是间接调用本方法，如图 6-2 所示。

图 6-1 直接调用本方法   图 6-2 间接调用本方法

可以看到，图 6-1 和图 6-2 这两种递归调用都是无终止的自身调用。显然，程序中不应出现这种无终止的递归调用，而只应出现有限次数的、有终止的递归调用，这可以用 if 语句来控制。只有在某一条件成立时才继续执行递归调用，否则就不再继续。

关于递归的概念，可以举一个例子来说明。

【例 6-18】需要输出下列一组数据 1，2，3，5，8，13，21，34，55，89，规律是每个数字是前两个数字之和，利用递归的方法，定义方法 process，通过调用自身的方式完成计算，程序如下：

```
using System;
using System.Collections.Generic;
using System.Linq;
using System.Text;

namespace Chapter6
{
    class Program
    {
        public static int process(int i)
        {
            int s;
            if (i == 0 || i == 1)
            {
```

```
            s = i + 1;
        }
        else
        {
            s = process(i - 1) + process(i - 2);
        }
        return s;
    }
    public static void Main()
    {
        int[] cSum = new int[10];
        string sSum = "";
        for (int j = 0; j < cSum.Length; j++)
        {
            cSum[j] = process(j);
            if (sSum != "")
            {
                sSum = sSum + ',';
            }
            sSum += cSum[j];
        }
        //输出结果1,2,3,5,8,13,21,34,55,89,递归写法
        Console.WriteLine(sSum);
        Console.ReadKey();
    }
}
```

程序输出结果为：

1,2,3,5,8,13,21,34,55,89

6.6 课后习题

选择题

（1）下列哪一个不属于程序控制关键字（   ）。

    A．for   B．switch   C．else   D．new

（2）在调用方法时可以传入个数不同实参的是（   ）。

    A．引用参数   B．参数数组   C．命名参数   D．输出参数

（3）以下哪种返回类型可以不显式地使用 return 关键字（   ）。

    A．void   B．int   C．string   D．float

（4）以下哪种不能定义为方法签名不同（   ）。

    A．形参个数   B．形参类型   C．返回值   D．形参顺序不同

第7章

掌握类的高级概念

教学提示

本章主要讲授类的高级内容。主要围绕构造函数、属性和索引器等概念进行讲解，重点讲授使用场景和应用方法。

教学目标

- 掌握构造函数
- 掌握属性
- 掌握索引器
- 理解命名空间和 using 语句

7.1 构造函数

微课：掌握类的
高级概念（1）

构造函数（constructor）是一种特殊的方法，主要用来在创建对象时为对象成员变量赋初始值。一个类可以有多个构造函数，可根据其参数个数的不同或参数类型的不同来区分它们，即构造函数的重载。

构造函数声明的基本形式如下：

```
[修饰符] 类名 ([参数列表])
{
    //构造函数方法体
}
```

定义一个构造函数需要注意以下几个方面：

（1）构造函数的命名必须和类名完全相同；

（2）构造函数的功能主要用于在类的对象创建时定义初始化的状态，它没有返回值，也不能用 void 来修饰；

（3）构造函数不能被直接调用，必须通过 new 运算符在创建对象时才会自动调用；而一般的方法是在程序执行到它的时候被调用的；

（4）当定义一个类的时候，通常情况下都会显示该类的构造函数，并在函数中指定初始化的工作。当一个类只定义了私有的构造函数，将无法通过 new 关键字来创建其对象；当一个类没有定义任何构造函数，C#编译器会为其自动生成一个默认的无参的构造函数。

7.1.1 使用默认构造函数

每个类都有构造函数，如果没有显式声明构造函数，则编译器会自动生成一个默认的构造函数（无参数）去实例化对象，并将未赋初值的字段设置为默认值。C#中各数据类型的默认值如表 7-1 所示。

表 7-1 数据类型的默认值

数据类型	默认值	数据类型	默认值
bool	false	int	0
byte	0	long	0L
char	'\0'	sbyte	0
decimal	0.0M	short	0
double	0.0M	uint	0
enum	枚举值组合的第一个值	ulong	0
float	0.0F	ushort	0
struct	将所有的值类型字段设置为默认值，将所有的引用类型字段设置为 null 时产生的值		

【例 7-1】类 Person 没有任何构造函数，在这种情况下，将自动提供默认构造函数，同时将字段初始化为它们的默认值。

```
using System;
namespace   Chapter7
{
    public class Person
```

```
    {
        public int age;
        public string name;
    }
    class Program
    {
        static void Main(string[] args)
        {
            Person person = new Person();
            Console.WriteLine("Name: {0}, Age: {1}", person.name, person.age);
            // Keep the console window open in debug mode.
            Console.WriteLine("Press any key to exit.");
            Console.ReadKey();
        }
    }
}
```

编译执行后，将在屏幕输出：

Name: , Age: 0

注意

age 的默认值为 0，name 的默认值为 null。

7.1.2　使用带参数构造函数

默认构造函数使该类的每一个对象都得到相同的初始值，如果希望对不同的对象赋予不同的初始值，则需要使用带参数的构造函数。调用带参数构造函数时，传递不同数据作为参数，以实现不同对象的初始化。由于用户是不能调用构造函数的，因此无法采用常规的调用函数的方法给出实参。实参是在创建对象时给出的。

创建对象的代码一般格式为：

类名 对象名=new 类名(参数值);

【例 7-2】使用带参数的构造函数。

```
using System;
namespace Chapter7
{
    public class Employee
    {
        private string _name;
        private char _gender;
        private string _qualification;
        private uint _salary;
        // 参数化构造函数
        public Employee(string strQualification, string strName, char gender, uint empSalary)
        {
```

```
                _qualification = strQualification;
                _name = strName;
                _gender = gender;
                _salary = empSalary;
            }
            public override string ToString()
            {
                return  string.Format("该学员的姓名:{0}  资格:{1}  性别:{2}  希望薪资{3:c}", _name, _qualification,
_gender, _salary);

            }
        }
        class Program
        {
            static void Main(string[] args)
            {
                // 调用参数化构造函数
                Employee objMBA = new Employee("ACCPS3", "张三", '男', 5500);
                Console.WriteLine("\n参数化构造函数输出: \n " + objMBA.ToString());
                Console.ReadLine();
            }
        }
    }
```

编译执行后，将在屏幕输出：

参数化构造函数输出:
该学员的姓名:张三 资格:ACCPS3 性别:男 希望薪资￥5,500.00

如果在类中只声明了带参数的构造函数，那么调用该构造函数时，必须传递相同数据类型和相同数量的数据或变量作为参数，否则会出现编译错误。

7.2 使用析构函数

析构函数（destructor）是在回收一个对象时调用的方法。在 C#中析构函数用来释放内存并执行其他清除操作，C#使用一个垃圾收集器来自动完成大部分的类似工作。析构函数声明的基本形式如下：

```
~类名( )
{
  析构函数方法体
}
```

析构函数具有下列特征：

（1）析构函数的名称由类名前面加上 ~ 字符构成；

（2）析构函数既没有修饰符，也没有返回值类型，也没有参数；

（3）子类无法继承或重载析构函数，一个类只能有一个析构函数；

（4）当对象被释放并由垃圾收集器回收对象内存时执行析构函数。

【例 7-3】下面的示例创建三个类，这三个类构成了一个继承链。类 First 是基类，Second 是从 First 派生的，而 Third 是从 Second 派生的，这三个类都有析构函数。在 Main()中，创建了派生程度最大的类的实例。

```csharp
using System;
namespace Chapter7
{
    class First
    {
        public First()
        {
            Console.WriteLine("First's constructor is called");
        }
        ~First()
        {
            Console.WriteLine("First's destructor is called");
        }
    }
    class Second:First
    {
        public Second()
        {
            Console.WriteLine("Second's constructor is called");
        }
        ~Second()
        {
            Console.WriteLine("Second's destructor is called");
        }
    }
    class Third:Second
    {
        public Third()
        {
            Console.WriteLine("Third's constructor is called");
        }
        ~Third()
        {
            Console.WriteLine("Third's destructor is called");
        }
    }
    class Program
    {
        static void Main(string[] args)
        {
            Third myObject3 = new Third();
        }
```

```
    }
  }
```

编译执行后，将在屏幕输出：

```
First's constructor is called
Second's constructor is called
Third's constructor is called
Third's destructor is called
Second's destructor is called
First's destructor is called
```

7.3 使用 this 关键字

方法中既可以使用实例变量，也可以使用方法中的局部变量。下例给出了当实例变量与局部变量重名时的情景。

```
class Test
  {
     int a;
     public void show()
     {
        int a;
        a = 55;
        Console.WriteLine("局部变量a={0}",a);
     }
  }
```

两个变量重名了，而且它们的作用域是有重叠的，实例变量 a 可以在类的所有方法中访问，方法 show 中还有一个局部变量也叫作 a。那么当给 a 赋值的时候，以及当以 a 为参数调用 Console.WriteLine 方法时，程序会不会搞不清楚它应该使用哪个变量 a？

然而运行这个程序的时候，结果运行正常。当一个变量的时候，C#会按照先局部变量，后实例变量的顺序寻找规则。按照上述规则，show 方法局部变量使用 a。如果需要使用实例变量 a，需要使用如下格式改写代码：

```
this.a = 55;
```

this 关键字只能在实例构造函数、实例方法或实例访问器中使用，主要引用类的当前实例，静态成员方法中不能使用 this 关键字。

【例 7-4】访问关键字 this 示例。

```
using System;
namespace Chapter7
{
    public class Person
    {
        private int age;
        private string name;
        public Person()
        {
```

```
            this.name = "no name";
            this.age = 10;
        }
        public Person(string name, int age)
        {
            this.name = name;
            this.age = age;
        }
        public void PrintPerson()
        {
            System.Console.WriteLine("姓名:{0}\t年龄：{1}years old.", name, age);
        }
    }
    class Program
    {
        static void Main(string[] args)
        {
            Person p=new Person ();
            p.PrintPerson();
            Person t = new Person("张三",30);
            t.PrintPerson();
            Console.ReadLine();
        }
    }
}
```

编译执行后，将在屏幕输出：

姓名:no name　　　年龄：10years old.
姓名:张三　　　　年龄：30years old.

在一个方法中，在没有出现局部变量和实例变量重名的情况下，是否使用 this 关键字是没有区别的。但是，为了让程序易读、避免程序出现潜在的错误，还是推荐使用 this 关键字。

7.4　使用属性

在 C#中代码可以非常自由地、毫无限制地访问公有字段，但是面向对象编程的封装性原则要求类中的数据成员进行隐藏，因此在 C#中数据成员访问方式一般设定为私有的（private），这时如何访问相应的字段呢？

属性向外界提供了一种更加灵活和安全的访问类的内部数据的方式。在语法上可以像使用公有字段一样对属性进行读写，但属性本质上是读写数据的特殊方法。

微课：掌握类的
高级概念（3）

7.4.1　认识属性声明

属性在类模块里是采用下面的方式进行声明的，即指定变量的访问级别、属性的类型、属性的名称，然后是 get 访问器或者 set 访问器代码块。其属性声明语法格式如下：

```
修饰符  数据类型  属性名称
{
   get访问器
   set访问器
}
```

访问器是数据字段赋值和检索其值的特殊方法。使用 set 访问器负责属性的写入工作，可以为数据字段赋值，使用 get 访问器负责属性的读取工作，可以检索数据字段的值。借助访问器，属性可以实现数据的封装，也可以在访问器中编写代码，以实现对读写访问操作的控制。

【例 7-5】属性示例。

```
using System;
namespace Chapter7
{
    class Person
    {
        private string m_name;
        private int m_Age;
        public Person()
        {
            m_name = "N/A";
            m_Age = 0;
        }
        public string Name
        {
            get
            {
                return m_name;
            }
            set
            {
                m_name = value;
            }
        }
        public int Age
        {
            get
            {
                return m_Age;
            }
            set
            {
                if (value > 0)
                    m_Age = value;
                else
```

```
                    m_Age = 0;
            }
        }
        public override string ToString()
        {
            return "Name = " + Name + ", Age = " + Age;
        }
    }
    class Program
    {
        static void Main(string[] args)
        {
            Person person = new Person();
            System.Console.WriteLine("Person details – {0}", person);
            person.Name = "Joe";
            person.Age = 99;
            System.Console.WriteLine("Person details – {0}", person);
            person.Age += 1;
            System.Console.WriteLine("Person details – {0}", person);
        }
    }
}
```

编译执行后，将在屏幕输出：

```
Person details – Name = N/A, Age = 0
Person details – Name = Joe, Age = 99
Person details – Name = Joe, Age = 100
```

7.4.2　认识只读和只写属性

属性中包含：set 访问器和 get 访问器。当缺少一个访问器时，属性就只能读或只能写，set 访问器和 get 访问器属性必须有一个，因为既不能读又不能写的属性是没有意义的。其语法格式如下：

1. 只读属性

```
[访问修饰符] 数据类型 属性名
{
    get{ };
}
```

2. 只写属性

```
[访问修饰符] 数据类型 属性名
{
    set{ };
}
```

7.4.3　认识自动实现属性

根据属性的实现方式，属性可分为自动实现的属性和常规属性。常规属性需要具体地实现 get

访问器或者 set 访问器，而且一般需要有一个字段与之相对应；而自动实现属性的 get 和 set 访问器的实现部分被省略掉了，而且类中不需要有相对应的字段，代码如下：

```
public class Person
{
    //自动实现的属性
    public string Name
    {
        get;
        set;
    }
}
```

可以给自动实现的属性的 get 访问器或者 set 访问器添加访问权限修饰符（private,protected,internal），以控制该属性的访问权限。通过给 get 或者 set 访问器添加的访问权限修饰符，实现只读或者只写，代码如下。

```
public class Person
{
    //自动实现的属性实现只读
    public string Name
    {
        get;
        private set;
    }
}
public class Person
{
    //自动实现的属性实现只写
    public string Name
    {
        private get;
        set;
    }
}
```

自动实现的属性有以下几点需要注意：

（1）必须同时实现 set 访问器和 get 访问器，缺一不可；

（2）自动实现的属性，编译器在运行时会自动生成一个私有的字段，这个自动生成的字段不能够直接访问；

（3）当需要实现对数据的合法性验证或者其他特殊处理的时候不能用自动实现的属性。

【例 7-6】属性的综合应用。

```
using System;
namespace Chapter7
{
    class SavingsAccount
    {
```

```
// 类字段用于存储账号、余额和已获利息
private int _accountNumber;
private double _balance;
private double _interestEarned;
// 构造函数初始化类成员
public SavingsAccount(int accountNumber, double balance)
{
    this._accountNumber = accountNumber;
    this._balance = balance;
}
// 只读 AccountNumber 属性
public int AccountNumber
{
    get
    {
        return _accountNumber;
    }
}
// 只读Balance属性
public double Balance
{
    get
    {
        if (_balance < 0)
            Console.WriteLine("没有可用余额");
        return _balance;
    }
}
    //读写InterestEarned属性
public double InterestEarned
{
    get
    {
    return _interestEarned;
    }
set
    {
        // 验证数据
        if (value < 0.0)
        {
            Console.WriteLine("利息不能为负数");
            return;
        }
        _interestEarned = value;
    }
```

```
        }
        //自动属性InterestRate
        public double InterestRate
        {
            get;
            set;
        }
    }
    class Program
    {
        static void Main(string[] args)
        {
        SavingsAccount objSavingsAccount =   new SavingsAccount(12345, 5000);
    Console.WriteLine("输入到现在为止已获得的利息和利率");
    objSavingsAccount.InterestEarned = Int64.Parse(Console.ReadLine());
        objSavingsAccount.InterestRate = double.Parse(Console.ReadLine());
        objSavingsAccount.InterestEarned += objSavingsAccount.Balance * objSavingsAccount.
InterestRate;
        Console.WriteLine("编号为：{0} 的账户，目前获得的总利息为：{1}", objSavingsAccount.AccountNumber,
objSavingsAccount.InterestEarned);
        }
    }
}
```

编译执行后，将在屏幕输出：

```
输入到现在为止已获得的利息和利率
1000
3.15
编号为：12345 的账户，目前获得的总利息为：16750
```

7.5 使用索引器

索引（Indexer）能够让对象以类似数组的方式来存取，让程序看起来更为直观、更容易编写。

7.5.1 认识索引器声明

通常情况下，属性只能访问单一的字段，如果想访问多个数据成员，就需要使用索引器。索引器是类的特殊成员，它可以根据索引在多个数据成员中进行选择。

索引器的定义方式与属性定义方式类似，其基本的语法格式如下所示。

微课：掌握类的
高级概念（4）

```
[修饰符]  数据类型   this[索引类型 index]
{
    get {//返回参数值}
    set {//设置隐式参数value给字段赋值}
}
```

在上述语法格式中，使用 this 关键字加[索引类型 index]的形式来创建一个索引器，在索引器中同样使用 get 和 set 访问器，来获取属性值和设置属性值。

【例 7-7】索引器访问各个圆。

```csharp
using System;
namespace Chapter7
{
    public class Circle
    {
        int index = 0;
        int[] radius;
        public Circle(params int[] r)
        {
            radius = new int[r.Length];
            foreach (int i int r)
            {
                radius[index++] = i;
            }
        }
        //属性
        public int Circle_number
        {
            get
            {
                return this.radius.Length;
            }
        }
        //索引器
        public int this[int index]
        {
            get
            {
                if (index < 0 ll index >= Circle_number)
                    return 0;
                else
                    return radius[index];
            }
            set
            {
                if( index>=0&&index<Circle_number)

                    radius[index] = value;
            }
        }
        public string ViewRadius(int r)
```

```
        {
            return "半径为  " + r;
        }
    }
    class Program
    {
        static void Main(string[] args)
        {
            Circle c = new Circle(2, 4, 6, 8, 10);
            for (int i = 0; i < c.Circle_number; i++)
            {
                //下面语句中c[i]调用索引器的get访问器
                Console.WriteLine("第 {0} 个圆 {1}", i + 1, c.ViewRadius(c[i]));
            }
            c[0] = 20;//语句中c[i]调用索引器的set访问器
            c[2] = 100;
    Console.WriteLine("半径修改后:");
    for (int i = 0; i < c.Circle_number; i++)
     {
        Console.WriteLine("第 {0} 个圆 {1}", i + 1, c.ViewRadius(c[i]));
     }
        }
    }
}
```

编译执行后，将在屏幕输出：

```
第 1 个圆 半径为 2
第 2 个圆 半径为 4
第 3 个圆 半径为 6
第 4 个圆 半径为 8
第 5 个圆 半径为 10
半径修改后:
第 1 个圆 半径为 20
第 2 个圆 半径为 4
第 3 个圆 半径为 100
第 4 个圆 半径为 8
第 5 个圆 半径为 10
```

可以使用数组来当作索引器中元素保存的地方，也可以使用 ArrayList、HashTable、Collection 等对象。

如果想放到索引器中的对象不是 C#内置的简单类型时，可以使用如例 7-8 所示的方式处理。

【例 7-8】设置存储自定义类的索引器。

```
using System;
using System.Collections;
using System.Collections.Generic;
namespace Chapter7
```

```
{
    public class Employee
    {
        public String EmpID
        {
            set;
            get;
        }
        public double Salary
        {
            set;
            get;
        }
    }
    public class HumanResource
    {
        Hashtable Employees = new Hashtable();
        public Employee this[string EmpID]
        {
            get { return (Employee)Employees[EmpID]; }
            set { Employees[EmpID] = (Employee)value; }
        }
    }
    class Program
    {
        static void Main(string[] args)
        {
            HumanResource Hr = new HumanResource();
            Employee el = new Employee();
            el.EmpID = "001";
            el.Salary = 6000;
            Employee e2 = new Employee();
            e2.EmpID = "002";
            e2.Salary = 5000;
            Hr["001"] = el;//set
            Hr["002"] = e2;//set
            Employee e3, e4;
            e3 = Hr["001"];//get
            e4 = Hr["002"];//get
            Console.WriteLine("员工三：员工代号={0},薪资={1:C}", e3.EmpID, e3.Salary);
            Console.WriteLine("员工四：员工代号={0},薪资={1:C}", e4.EmpID, e4.Salary);
        }
    }
}
```

编译执行后，将在屏幕输出：

员工三：员工代号=001,薪资＝￥6,000.00
员工四：员工代号=002,薪资＝￥5,000.00

在范例中，将使用 HashTable 作为保存索引器元素数据类型。HashTable 是 key/value 配对项目所组成的集合，将对象放到 HashTable 当中后，使用 key 值来存取特定的对象。

7.5.2　认识索引器和属性的异同

索引器与属性都是类的成员，语法上非常相似。索引很像是数组和属性的综合体，它的存取方式类似数组，程序实现的部分又与属性雷同。索引器一般用在自定义的集合类中，通过使用索引器来操作集合对象就如同使用数组一样简单；而属性可用于任何自定义类,它增强了类的字段成员的灵活性。索引和属性的异同点列举如下:

1. 索引器与属性的相似性

（1）两者都有 get/set 存取方法。

（2）没有实际保存数据的地方，皆为函数。

（3）都不可以声明为 void。

（4）都不能有 ref 或 out 参数。

2. 索引器与属性的不同点

（1）识别方式：属性以名称来识别；索引器则以函数签名识别。

（2）索引器可以被覆写：因为属性是以名称识别的，所以不能被覆写；索引器是用函数签名识别的，因此可以覆写。

（3）索引器不可以声明为 static：属性可以声明为 static，而索引器永远属于实体成员，不能声明为 static。

7.5.3　认识索引器重载

方法可以利用重载实现功能，索引可以看作是一个特殊的方法，自然也可以重载。一个类定义索引器时，只要索引器的参数列表不同，就可以定义多个重载索引器。

【例 7-9】满足多种不同的查询方式。

```
using System;
namespace Chapter7
{
    //定义一个能被索引的类
    public class StudentIndexer
    {   //对类的索引实质是对类中数组的索引
        public string[] StudentName = new string[6];
        public string this[int ID]        //定义索引器
        {
            get { return StudentName[ID]; }
            set { StudentName[ID] = value; } //set访问器自带value参数
        }
        public int this[string name]    //重载索引器参数设为string类型
        {
            get
```

```
            { //找到与name匹配的学号
                int index = 1;
                while (StudentName[index] != name && index < 6)
                { index++; }
                return index;
            }
        }
    }
    class Program
    {
        static void Main(string[] args)
        {
            StudentIndexer class4 = new StudentIndexer();
            //索引写入
            for (int i = 1; i < 6; i++)
            {
                class4[i] = "HC" + i;
            }
            //索引读出，通过学号索引出姓名
            for (int j = 1; j < 6; j++)
            {
                Console.WriteLine(j + "号\t" + class4[j]);
            }
            //通过姓名索引出学号
            for (int k = 1; k < 6; k++)
            {
                string name = "HC" + k;
                Console.WriteLine(name + "\t" + class4[name] + "号");//对比上面用法一样参数不一样
            }
        }
    }
}
```

编译执行后，将在屏幕输出：

1号	HC1
2号	HC2
3号	HC3
4号	HC4
5号	HC5
HC1	1号
HC2	2号
HC3	3号
HC4	4号
HC5	5号

索引器是非常灵活的，它们并不局限于一维数组，也可以把类和结构当作多维数组，其方法是在

方括号中添加多个参数。

【例 7-10】定义一个多维索引器，完成索引电影院的一个放映室的座位号。要求第一排第一列为 1 号，要求第一排第二列为 2 号，依次类推。

```
using System;
namespace Chapter7
{
//定义cinema类包含一个二维数组与一个二维访问器
    class Cinema
    {//定义一个二维数组
        private string[,] seat = new string[5, 5];
        //定义一个二维访问器
        public string this[int a, int b]
        {
            get { return seat[a, b]; }
            set { seat[a, b] = value; }
        }
    }
    class Program
    {
        static void Main(string[] args)
        {
            Cinema movieroom = new Cinema();//实例化
            //for循环遍历写入
            for (int i = 1; i < 5; i++)
            {
                for (int j = 1; j < 5; j++)
                {
                    movieroom[i, j] = "第" + i + "排 第" + j + "列";
                }
            }
            //for循环遍历读出
            for (int i = 1; i < 5; i++)
            {
                for (int j = 1; j < 5; j++)
                {
                    Console.WriteLine(movieroom[i, j] + "\t" + ((i - 1) * 4 + j) + "号");
                }
            }
        }
    }
}
```

编译执行后，将在屏幕输出：

| 第1排 第1列 | 1号 |
| 第1排 第2列 | 2号 |

第1排 第3列	3号
第1排 第4列	4号
第2排 第1列	5号
第2排 第2列	6号
第2排 第3列	7号
第2排 第4列	8号
第3排 第1列	9号
第3排 第2列	10号
第3排 第3列	11号
第3排 第4列	12号
第4排 第1列	13号
第4排 第2列	14号
第4排 第3列	15号
第4排 第4列	16号

7.6　使用静态

7.6.1　使用静态成员

静态数据成员使用关键字 static 修饰。例如，public static int x。

一般而言，静态成员属于类，被这个类的所有实例所共享。当字段、方法、属性、事件、运算符或构造函数声明中含有 static 修饰符时，它声明为静态成员。此外，常量会隐式地声明为静态成员，其他没有用 static 修饰的成员都是实例成员或者称为非静态成员。

微课：掌握类的
高级概念（5）

静态成员具有下列特征。

（1）静态成员必须通过类名来引用，引用格式则为：

```
类名.数据成员名;
Console.WriteLine("Hello, World!")
```

（2）静态函数成员属于类的成员，故在其代码体内不能直接引用实例成员，否则将产生编译错误。

【例 7-11】静态成员与非静态成员的区别。

```
using System;
namespace Chapter7-12
{
    class Counter
    {
        public int number; //实例字段
        public static int count;    //静态字段
        public Counter()    //构造函数字段
        {
            count = count + 1;
            number = count;
```

```
        }
        public void showInstance()
        {
            Console.Write("object{0} :", number);
            //正确:实例方法内可以直接引用实例字段
            Console.WriteLine("count = {0}", count);
            //正确：实例方法内可以直接引用静态字段
        }
        public static void showStatic()
        {
            //Console. Write("object{0} :",number);
            //错误：静态方法内不能直接引用实例字段
            Console.WriteLine("count ={0}", count);
            //正确：静态方法内可以直接引用静态字段
        }
    }
    class Program
    {
        static void Main(string[] args)
        {
            Counter cl = new Counter(); //创建对象
            cl.showInstance(); //正确：用对象调用实例方法
            // c1.showStatic() //错误：不能用对象调用静态方法
            Console.Write("object{0} :", cl.number);//正确:用对象引用实例字段
            //Console.WriteLine("object{0}:",Counter.number);
                                        //错误：不能用类名引用实例字段
            //Console.WriteLine("count={0}", cl.count);    //错误:不能用对象名引用静态字段
            Counter.showStatic(); //正确:用类名调用静态方法
            //Counter.showInstance () //错误：不能用类名调用实例方法
            Counter c2 = new Counter();
            cl.showInstance();
            c2.showInstance();
            Console.ReadKey();
        }
    }
}
```

编译执行后，将在屏幕输出：

```
object1 :count = 1
object1 :count = 1
object1 :count = 2
object2 :count = 2
```

从上面的例子中可以看出，类的所有实例的静态字段 count 的值都是相同的，一个实例改变了它的值，其他实例得到的值也将随之改变；而每个实例的成员字段 number 的值都是不同的，也不能被其他的实例化成员改变。静态方法和实例方法的访问权限见表 7-2 所示。

表7-2　静态方法和实例方法的访问权限表

	静态成员变量	静态方法	实例成员变量	实例方法
静态方法	直接访问	直接访问	不可直接访问	不可直接访问
实例方法	直接访问	直接访问	直接访问	直接访问

7.6.2　使用静态类

静态类和非静态类基本相同，两者有一处不同：静态类不能被实例化。因为静态类中根本没有实例成员。只能通过使用类名来访问静态类变量。

例如，在.Net 类库中 System.Math 静态类包含的方法只执行数学计算，也就是说，需要通过指定类名和方法名来使用类成员。

综上所述，静态类在 C#编程过程中具有如下的优缺点。

1. 优点

（1）它们仅包含静态成员。

（2）它们不能被实例化。

（3）它们是密封的。

（4）它们不能包含实例构造函数。

【例 7-12】下面是一个静态类的示例，它包含两个在摄氏温度和华氏温度之间执行来回转换的方法。

2. 缺点

静态类型在程序运行期间只需加载一次。这对于那些经常使用的类型来说，就不用每次使用前都先加载，提高程序运行效率。如果是静态类型，那就要一直占用内存到程序停止，或者应用程序域被卸载。所以应该只把那些常用的类型定义成静态类型。

```
using System;
namespace Chapter7
{
    public static class TemperatureConverter
    {
        public static double CelsiusToFahrenheit(string temperatureCelsius)
        {
            // Convert argument to double for calculations.
            double celsius = System.Double.Parse(temperatureCelsius);
            // Convert Celsius to Fahrenheit.
            double fahrenheit = (celsius * 9 / 5) + 32;
            return fahrenheit;
        }
        public static double FahrenheitToCelsius(string temperatureFahrenheit)
        {
            // Convert argument to double for calculations.
            double fahrenheit = System.Double.Parse(temperatureFahrenheit);
```

```
            // Convert Fahrenheit to Celsius.
            double celsius = (fahrenheit – 32) * 5 / 9;
            return celsius;
        }
    }
    class Program
    {
        static void Main(string[] args)
        {
            System.Console.WriteLine("Please select the convertor direction");
            System.Console.WriteLine("1. From Celsius to Fahrenheit.");
            System.Console.WriteLine("2. From Fahrenheit to Celsius.");
            System.Console.Write(":");
            string selection = System.Console.ReadLine();
            double F, C = 0;
            switch (selection)
            {
                case "1":
                    System.Console.Write("Please enter the Celsius temperature: ");
    F = TemperatureConverter.CelsiusToFahrenheit(System.Console.ReadLine());
                    System.Console.WriteLine("Temperature in Fahrenheit: {0:F2}", F);
                    break;
                case "2":
                    System.Console.Write("Please enter the Fahrenheit temperature: ");
                    C = TemperatureConverter.FahrenheitToCelsius(System.Console.ReadLine());
                    System.Console.WriteLine("Temperature in Celsius: {0:F2}", C);
                    break;
                default:
                    System.Console.WriteLine("Please select a convertor.");
                    break;
            }
        }
    }
}
```

编译执行后，将在屏幕输出：

```
Please select the convertor direction
1. From Celsius to Fahrenheit.
2. From Fahrenheit to Celsius.
:1
Please enter the Celsius temperature: 25
Temperature in Fahrenheit: 77.00
```

7.6.3　使用静态构造函数

静态构造函数使用 static 关键字指定，通常用于初始化静态的数据成员。静态构造函数不允许有访问修饰符。不能显式地调用静态构造函数，它在加载类、被运行时调用一次——在创建类的任何实例和引用类的任何静态成员之前。静态的构造函数不被继承，类可以同时拥有静态构造函数和实例构造函数。

7.7   认识常量

常量的概念就是一个包含不能修改的值的变量，常量是 C#与大多数编程语言共有的。在 C#中经常由用户自定义符号代表一个常量，比如在计算税率时，可将起征点和税率定义成符号常量，当数据发生变化时，只修改常量定义就可以了。

常量声明的格式如下：

```
const        类型常量名=常量表达式；
```

例如：

```
const double PI = 3.1415926; //将圆周率声明为双精度常量PI
double area, vol, r;//声明双精度变量area、vol、r，分别表示面积、体积和半径
r = 15;                //对变量r赋值
area = PI*r*r;    //计算圆面积
vol = 4. 0/3*PI*r*r*r; //计算球体积
```

但是，有时可能需要一些程序运行过程中值不改变的变量，但在运行之前其值是未知的。C#为这种情形提供了另一个类型的变量：只读字段（readonly）。

const 和 readonly 都可以是定义常量，但是 const 定义的是静态常量，而 readonly 定义的是动态常量。

readonly 关键字比 const 灵活得多，允许把一个字段设置为常量，但可以执行一些运算，以确定它的初始值。其规则是可以在构造函数中给只读字段赋值，但不能在其他地方赋值，类的每个实例可以有不同的值。

由于 readonly 声明常量的时候是会被分配内存空间的——因为每个对象的常量的值可以在构造器中重置；而 const 声明的常量却不会分配内存空间，对每个对象来说，该值是唯一的。所以，如果方法中可以用 readonly 声明，还得去给这个常量分配一个内存空间，这是不符合逻辑的，所以 C#中就设定了这条规则——不准在方法中出现 readonly 关键字。

【例 7-13】要求定义一个类，在该类中定义一个描述国籍的常量，其常量值为"中国"，定义一个描述姓名的 readonly 字段，并在该类的构造方法中初始化其值。

```
using System;
namespace Chapter7
{
    class Person
    {
        public const string Nationality = "中国";
        private readonly string name;
        public Person(string name)
        {
```

```
                this.name = name;
            }
            public string Name
            {
                get
                {
                    return this.name;
                }
            }
        }
        class Program
        {
            static void Main(string[] args)
            {
                Console.WriteLine("输入一个姓名:");
                string name = Console.ReadLine();
                Person p = new Person(name);
                Console.WriteLine("{0}的国籍是{1}", p.Name, Person.Nationality);
            }
        }
    }
```

编译执行后，将在屏幕输出：

```
输入一个姓名:
zhangsan
zhangsan的国籍是中国
```

7.8 使用命名空间

7.8.1 命名空间的声明

在使用 .NET 框架类库时，会引用相应的命名空间。类库包含 170 多个命名空间，框架类库的内容被组织成一个树状结构。每个命名空间可以包含许多类型和其他命名空间。

命名空间既是 Visual Studio 提供系统资源的分层组织方式，也是分层组织程序的方式。因此，命名空间有两种：一种是系统命名空间，另一种是用户自定义命名。

微课：掌握类的
高级概念（6）

7.8.2 使用命名空间组织代码

框架类库中的类是通过命名空间来组织的，当需要引用类时，就通过 using 关键字引入命名空间，C#中的命名空间起到了合理组织类的作用。命名空间只是一个逻辑上的文件组织结构，它允许所组织的类文件的物理位置与逻辑结构不一致。

定义命名空间的语句如下：

```
namespace 命名空间名
    {
        //该命名空间的所有类部放在这里
    }
        定义命名空间的方法示例如下：
using System;
namespace Samsung {
class Monitor
{
    public void ListModels()
    {
        Console.WriteLine("供应以下型号的显示器:");
        Console.WriteLine("14寸, 15寸");
    }
    [STAThread]
    static void Mai (string [] args)
    {    //
        //TODO: 在此处添加代码以启动应用程序
    }
  }
}
```

在实际开发中，命名空间都是以公司名或者项目名为前缀的，例如 XXCompany.Example。在同一个命名空间中是不允许定义两上同名类的。要解决这个问题，可以将这两个同名类定义在两个不同的命名空间。例如：

```
using System;
namespace Sony
    {
    public class Monitor
      {
    public void ListModelStocks()
    {
        Console.WriteLine("以下是 Sony 显示器的规格及其库存量:");
        Console.WriteLine("14\"=1000, 15\"=2000, 17\"=3000");
    }
     static void Main(string[] args)
    {
        Samsung.Monitor objSamsung = new Samsung.Monitor();
        Monitor objSony = new Monitor();
        objSamsung.ListModels();
        objSony.ListModelStocks();
    }
```

```
        }
    }
```

系统命名空间使用 using 关键字导入，在创建项目时，Visual Studio 平台都会自动生成并导入一些必备的命名空间，并且放到程序代码的起始处。引入一个命名空间意味着引入了命名空间中的所有内容。

7.9 垃圾回收

在 C#中，当一个对象成为垃圾对象后仍会占用内存空间，时间一长，就会导致内存空间的不足。为了清除这些无用的垃圾对象，释放一定的内存空间，C#中引入了垃圾回收机制。在这种机制下，程序员不需要过多关心垃圾对象回收的问题，.Net 运行环境会启动垃圾回收器将这些垃圾对象从内存中释放，从而使程序获得更多可用的内存空间。

除了等待运行环境自动回收垃圾，还可以通过调用 GC.Collect()方法来通知运行环境立即进行垃圾回收。

【例 7-14】回收垃圾。

```
using System;
namespace Chapter7
{
    public class Student
    {
        public string Name { get; set; }
        ~Student()     //析构函数，在对象被销毁时会自动调用
        {
            Console.WriteLine(Name + ":资源被回收");
        }
    }
    class Program
    {
        static void Main(string[] args)
        {
            Student s1 = new Student();
            Student s2 = new Student();
            s1.Name = "sl";
            s2.Name = "s2";
            s1 = null;
            Console.WriteLine("执行 GC.Collect 方法：");
            GC.Collect(); //通知运行环境立即进行垃圾回收操作
            Console.ReadKey();
            Console.WriteLine("程序结束，执行对象的析构函数");
        }
    }
}
```

编译执行后，将在屏幕输出：

```
执行 GC.Collect 方法：
sl:资源被回收
程序结束，执行对象的析构函数
s2:资源被回收
```

可以看出，GC.Collect()方法执行成功后，对象 s1 被回收了，而对象 s2 未被回收。这是因为程序指令将对象 s1 设置为 null，成为垃圾对象，而对象 s2 还存在引用，不会成为垃圾对象。等程序运行结束之后，析构函数会在对象 s2 销毁时，被垃圾回收器调用。

7.10　使用 using 语句

在.NET 中有一个至关重要的关键字，那就是 using。using 关键字主要有三个作用。

（1）引入命名空间。

（2）创建别名。

（3）强制资源清理。

7.10.1　包装单个资源

using 语句被翻译成三个部分：获取、使用和处置。资源的使用部分被隐式封闭在一个含有 finally 子句的 try 语句中，此 finally 子句用于处置资源。如果所获取资源是 null，则不会对 Dispose 进行调用，也不会引发任何异常。

```
Font font2 = new Font("Arial", 10.0f);
using (font2)
{
    // use font2
}
```

在程序编译阶段，编译器会自动将 using 语句生成为 try-finally 语句，并在 finally 块中调用对象的 Dispose 方法，来清理资源。所以，using 语句等效于 try-finally 语句，例如：

```
using (Font f2 = new Font("Arial", 10, FontStyle.Bold) )
{
    font2.F();
}
```

上述程序片段将被编译器翻译为：

```
Font f2 = new Font("Arial", 10, FontStyle.Bold);
try
{
    font2.F();
}
finally
{
    if (f2 != null) ((IDisposable)f2).Dispose();
}
```

7.10.2 包装多个资源

using 语句可以包装一个资源，同时也可以有多个对象与 using 语句一起使用，但是必须在 using 语句内部声明这些对象，同时这些变量的类型必须相同，例如：

```
using (Font font3=new Font("Arial",10.0f), font4=new Font("Arial",10.0f))
{
    // Use font3 and font4.
}
```

【例 7-15】using 的使用。

```
using System;
namespace Chapter7
{
    class Student:IDisposable
    {
        int age;
        string name;
        public Student(int age, string name)
        {
            this.age = age;
            this.name = name;
        }
        public override string ToString()
        {
            return string.Format("学生的姓名:{0},学生的年龄:{1}",this.name,this.age);
        }
        public void Dispose()
        {
            Console.WriteLine("当前对象被释放");
        }
    }
    class Program
    {
        static void Main(string[] args)
        {
            using (Student s1 = new Student(12, "zhangs"))
            {
                Console.WriteLine(s1.ToString());
            }
            //此时对象s1被释放，程序将无法使用s1对象。
            //Console.WriteLine(s1.ToString());
            Console.ReadLine();
        }
    }
}
```

编译执行后，将在屏幕输出：

学生的姓名:zhangs,学生的年龄:12
当前对象被释放

7.11　课后习题

选择题

（1）C#中 TestClass 为一自定义类，其中有以下属性定义：

public void Property{…}

使用以下语句创建了该类的对象，并使变量 obj 引用该对象：

TestClass obj=new TestClass( );

那么，可通过什么方式访问类 TestClass 的 Property 属性（　　）。

  A．TestClass.Progerty;   B．TestClass. Property();

  C．obj. Property;   D．obj. Property();

（2）以下类 MyClass 的属性 Count 属于（　　）属性。

```
class MyClass
{
    int i;
    Public int Count
    {
      get{ return i; }
    }
}
```

  A．只读   B．只写   C．可读写   D．不可读不可写

（3）在 C#语言中，下列关于属性的描述正确的是（　　）。

  A．属性就是以 public 关键字修饰的字符

  B．属性是访问字段值的一种简单的形式，属性更好地实现了数据的封装和隐藏

  C．要定义只读属性只需在属性名前加上 readonly 关键字

  D．属性不可以使用 virtual、override 和 public 限定符

（4）下列关于构造函数的描述中，哪个选项是正确的?（　　）。

  A．构造函数必须与类名相同   B．构造函数不可以用 private 修饰

  C．构造函数不能带参数   D．构造函数可以声明返回类型

（5）下列关于 C#中索引器理解正确的是（　　）。

  A．索引器的参数必须是两个或两个以上

  B．索引器的参数类型必须是整数型

  C．索引器没有名字

  D．以上皆非

（6）下面的 C#代码实现一个索引器：

```
class TestIndex{
    public int[]Elements=new int[100];
```

```
                public intElements[int index]
                {
                        get{ returnElements[index];}
                        set{ Elements[index]=value;}
                }
        }
class Class1{
        static voidMain(string[]args){
                TestIndext i=new TestIndex();
                int cnt=0;
                for(cnt=o;cnt<5;cnt++)
                        {ti.Elements[cnt]=cnt*cnt;}
                for(cnt=0;cnt<5;cnt++)
                        { Console.WriteLine(ti[cnt].ToString());}
                Console.ReadLine();
        }
        }
```

代码最后执行结果为（   ）。

    A. 输出：014916

    B. 代码 "public intElements[intindex]" 不正确

    C. 代码 "Console.WriteLine(ti[cnt].ToString());" 不正确

    D. 输出：491625

PART08

第8章

掌握类的继承

教学提示

本章介绍类的继承关系，继承是面向对象最显著的一个特性。继承是从已有的类中派生出新的类，新的类能吸收已有类的数据属性和行为，并能扩展新属性和行为。

教学目标

- 掌握类的继承
- 掌握抽象类
- 了解克隆技术

8.1 掌握类的继承

C#继承是使用已存在的类的定义作为基础建立新类的技术，继承类的定义可以增加新的数据或新的功能，也可以调用被继承类的全部或部分功能，比如可以先定义一个类叫作车，车的属性包括：车体大小、颜色、方向盘、轮胎。而又由车这个类派生出轿车和卡车两个类，为轿车添加一个小后备箱，而为卡车添加一个大货箱。被继承的类通常称为基类、父类或超类，而继承类被称为派生类或子类。继承使得复用代码非常容易，能够大大缩短开发周期，降低费用。

8.1.1 使用继承

每个类的声明都在隐式地继承 System.Object 类；通常我们所讲的继承是指显式地继承。在语法上，继承是与类的声明同时完成的。在子类名标识符后面加上冒号 "："，冒号后面是父类。其语法格式如下：

```
class  子类名 ：父类名
{
        子类字段
        子类方法
}
```

【例 8-1】假设某程序需设计表示汽车的类。汽车包含名字 name、速度 speed 和颜色 color 三个属性，并且汽车应该有加速 SpeedUp 和减速 SlowDown 两个方法，类图表示如图 8-1 所示。

通过对类的分析可以看出，上面的类满足了程序的需求。一段时间后程序升级，系统需要支持公共汽车类。公共汽车类除了包含普通汽车的所有属性和方法外，还有两个新的属性 "最大承载旅客人数（默认值为 35）" 和 "当前旅客总数"，另外还有两个新的方法 "增加旅客" 和 "减少旅客"。可以通过两种方式变更程序以应对需求变化：增加一个新的类，或者在原来类上做修改。这时我们选择第一种方法，增加一个新的类，保持让一个类只代表某一类汽车，用类图表示如图 8-2 所示。

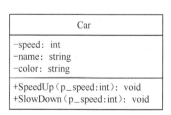

图 8-1 Car 类图

Bus
-speed: int
-name: string
-color: string
-max_Passenger: int=35
-current_Passenger: int=0
+SpeedUp（p_speed: int）: void
+SlowDown（p_speed: int）: void
+GetOnBus（p_amout: int）: bool
+GetDownBus（p_amout: int）: bool

图 8-2 Bus 类图

系统总是在一次次的升级中完善的，这次需要给所有的汽车类增加最高速度 maxSpeed 的限制（默认为 90），并且加速的方法中需要保证速度不会超出这个限制。要想完成这个功能，需要给每一个汽车类都增加一个新的属性，然后修改每一个类的 SpeedUp() 方法。

现在系统中只有两个汽车类，修改起来还算简单的。如果以后随着系统的升级而增加了很多表示汽车的类，需要不断重复修改现有汽车类型代码，代码修改量成倍上升。

最优解决方案是：把汽车类中公共的、相同的部分抽取出来放在一个类中作为基类，把不相同的部分按照汽车的类型放在不同的子类中。然而最重要的是，要让表示不同汽车类型的子类能够把那个作为基类的代码视为自己的代码。为了做到这点，就需要使用"继承"了。

首先找出汽车类中相同的属性和方法。相同的属性有 speed、name、color 和 maxSpeed 这四个，相同的方法有 SpeedUp()和 SlowDown()两个。把这些内容写在一个类中，如图 8-3 所示。

这时 CarBase 类就代表了所有汽车类中公共的部分，下面来看如何使用继承来让其他汽车类可以"共享"这个类中的代码。用类图表示如图 8-4 所示。

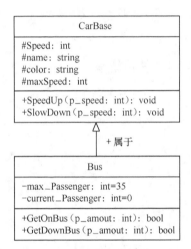

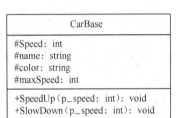

图 8-3　CarBase 类图　　　　　图 8-4　CarBase 与 Bus 类图

```csharp
using System;
namespace Chapter8
{
    public class CarBase
    {
        private int speed; // 表示汽车速度
        public int Speed
        {
            get { return speed; }
            set { speed = value; }
        }
        protected string name; //表示汽车名字
        protected string color;//表示汽车颜色
        protected int maxSpeed = 90;   //最大速度限制
        public void SpeedUp(int p_speed)
        {
            int tempSpeed = 0;
            if (p_speed > 0)
                tempSpeed = speed + p_speed;
            if (tempSpeed <= maxSpeed)   //增加了判断速度是否超过最大速度限制的代码
                speed = tempSpeed;
```

```
        }
        public void SlowDown(int p_speed)
        {
            if (p_speed > 0)        //如果p_speed大于0，计算新的速度
            {
                int tempSpeed = speed – p_speed;
                if (tempSpeed >= 0) //如果新的速度大于0，则给汽车减少相应的速度
                {
                    speed = tempSpeed;
                }
            }
        }
}
public class Bus : CarBase       //表示Bus类继承自CarBase类
{
    int max_Passenger = 35;    //只需包含Bus特有的属性
    public int Max_Passenger
    {
        get { return max_Passenger; }
        set { max_Passenger = value; }
    }
    int current_Passenger = 0;
    public int Current_Passenger
    {
        get { return current_Passenger; }
        set { current_Passenger = value; }
    }
    //只需包含Bus特有的方法
    //专门为公共汽车增加的方法，完成旅客上车的功能
    public bool GetOnBus(int p_amout)
    {
        int temp = current_Passenger + p_amout;    //计算新的乘客数，保存在temp变量中
        if (temp > max_Passenger)
        {
            return false;
        }
        else
        {
            current_Passenger = temp;
            return true;
        }
    }
    public bool GetDownBus(int p_amout)
    {
        int temp = current_Passenger – p_amout;    //计算新的乘客数，保存在temp变量中
```

```
                if (temp < 0)
                {
                    return false;
                }
                else
                {
                    current_Passenger = temp;
                    return true;
                }
            }
        }
    class Programe
    {
        static void Main(string[] args)
        {
            Bus bus = new Bus();
            Console.WriteLine("9 位乘客登上了公交车");
            bus.GetOnBus(9);
            Console.WriteLine("公交车出发！");
            bus.SpeedUp(50);
            Console.WriteLine("公交车当前速度为：" + bus.Speed);
            Console.WriteLine("公交车当前乘客数为：" + bus.Current_Passenger);
            Console.WriteLine("到站停车！");
            bus.SlowDown(50);
            Console.WriteLine("5 位乘客下了公交车");
            bus.GetDownBus(5);
            Console.WriteLine("公交车当前速度为：" + bus.Speed);
            Console.WriteLine("公交车当前乘客数为：" + bus.Current_Passenger);
            Console.WriteLine("公交车出发!");
            bus.SpeedUp(70);
            bus.SlowDown(70);
            Console.WriteLine("4 位乘客下了公交车");
            bus.GetDownBus(4);
            Console.WriteLine("公交车当前速度为：" + bus.Speed);
            Console.WriteLine("公交车当前乘客数为：" + bus.Current_Passenger);
        }
    }
}
```

编译执行后，将在屏幕输出：

9 位乘客登上了公交车
公交车出发!
公交车当前速度为：50
公交车当前乘客数为：9
到站停车!
5 位乘客下了公交车

公交车当前速度为：0

公交车当前乘客数为：4

公交车出发！

4 位乘客下了公交车

公交车当前速度为：0

公交车当前乘客数为：0

8.1.2 理解继承树

子类和父类是发生继承关系的类的一种相对称呼。C#中的继承关系是单继承，也就是说一个子类只能继承自一个类，即冒号后面只可以跟一个父类的名字。

当然多个子类可以有共同的父类。在我们的例子中，Bus 类继承自父类 CarBase 类。

同样，子类也可以做其他类的父类。现在给系统增加一个新的类——电车类 ElectronicBus。它也是公共汽车，只不过会有多节车厢。所以现在让电车类继承公共汽车类，然后给它加一个新的属性来表示这个电车的车厢数（默认值为 2）。那么电车类的继承关系如图 8-5 所示。

因为 ElectronicBus 类继承 Bus 类，而 Bus 类又继承 CarBase 类，这两个类包含了 ElectronicBus 类应该包含的大部分的属性和方法，所以 ElectronicBus 类中的代码很少，以至于只有一个新的属性而已。

【例 8-2】依据例 8-1 完成电动汽车的使用，其他 CarBase 类和 Bus 类参考例 8-1。

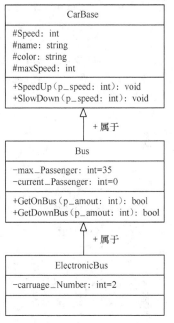

图 8-5 CarBase 与 Bus 类图

```
using System;
namespace Chapter8
{
    public class CarBase{     }
    public class Bus : CarBase {     }
    public class ElectronicBus : Bus
    {
        int carriage_Number = 2;
        public int Carriage_Number
        {
        get { return carriage_Number; }
        set { carriage_Number = value; }
        }
    }
    class Programe
    {
        static void Main(string[] args) }
        {
```

```
            ElectronicBus electronicBus = new ElectronicBus();
            Console.WriteLine("9位乘客登上了电动公交车");
            electronicBus.GetOnelectronicBus(9);
            Console.WriteLine("电动公交车出发！");
            electronicBus.SpeedUp(50);
            Console.WriteLine("电动公交车当前速度为：" + electronicBus.Speed);
            Console.WriteLine("电动公交车当前乘客数为：" + electronicBus.Current_Passenger);
            Console.WriteLine("到站停车！");
            electronicBus.SlowDown(50);
            Console.WriteLine("5 位乘客下了电动公交车");
            electronicBus.GetDownelectronicBus(5);
            Console.WriteLine("电动公交车当前速度为：" + electronicBus.Speed);
            Console.WriteLine("电动公交车当前乘客数为：" + electronicBus.Current_Passenger);
        }
    }
}
```

编译执行后，将在屏幕输出：

```
9位乘客登上了电动公交车
电动公交车出发！
电动公交车当前速度为：50
电动公交车当前乘客数为：9
到站停车！
5 位乘客下了电动公交车
电动公交车当前速度为：0
电动公交车当前乘客数为：4
```

注意　继承绝不是简单的"直接享用"父类中"所有的"方法和属性。子类中能够使用父类中的哪些属性和方法，在语法上是有着严格的规范的。这个规范主要和访问控制符有关。

C#中的继承符合下列规则：

（1）继承是可传递的。如果 C 从 B 中派生，B 又从 A 中派生，那么 C 不仅继承了 B 中声明的成员，同样也继承了 A 中的成员。Object 类作为所有类的基类；

（2）子类应当是对父类的扩展。子类可以添加新的成员，但不能移除已经继承的成员的定义；

（3）构造函数和析构函数不能被继承。除此之外的其他成员，不论对它们定义了怎样的访问方式都能被继承。基类中成员的访问方式只能决定派生类能否访问它们；

（4）派生类如果定义了与继承而来的成员同名的新成员，就可以覆盖已继承的成员。但这并不意味着派生类删除了这些成员，只是不能再访问这些成员。

8.1.3　访问基类成员

子类的对象和父类的对象并不是独立的。子类对象在创建的同时会创建一个其父类的对象，而这个对象是隐含在子类中的。当通过子类的引用使用其父类的属性时，其实可以理解为是访问这个内嵌的父类对象的属性。

【例 8-3】子类隐式调用父类的构造函数。

```
using System;
namespace   Chapter8
{
    public class CarBase
    {
        public CarBase()
        {
            Console.WriteLine("到CarBase 类的构造方法被调用了");
        }
    }
    public class Bus : CarBase
    {
        public Bus()
        {
            Console.WriteLine("Bus 类的构造方法被调用了");
        }
    }
    public class ElectronicBus : Bus
    {
        public ElectronicBus()
        {
            Console.WriteLine("ElectronicBus 类的构造方法被调用了！");
        }
    }
    class Programe
    {
        static void Main(string[] args)
        {
            Console.WriteLine("=======开始创建 ElectronicBus 类的对象=======");
            ElectronicBus eBus = new ElectronicBus();
            Console.WriteLine("=======创建 ElectronicBus 类的对象结束=======");
            Console.WriteLine();
        }
    }
}
```

编译执行后，将在屏幕输出：

```
=======开始创建 ElectronicBus 类的对象=======
到CarBase 类的构造方法被调用了
Bus 类的构造方法被调用了
ElectronicBus 类的构造方法被调用了！
=======创建 ElectronicBus 类的对象结束=======
```

通过控制台的输出可以很清楚地看出创建对象的过程：首先创建这个类的父类的对象，然后创建子类的对象。这是一个循环递归的过程。

创建子类对象的同时会创建父类的对象。在构造方法层面来看，其实就是子类的构造方法会调用父类的构造方法等。base 关键字可以在子类构造方法中使用，用来指定调用父类中的某个构造方法。其语法如下：

子类构造函数:base (参数列表)

这里的参数列表必须与父类中的某个构造方法匹配。当一个类的构造方法中没有显式地使用 base 关键字去调用其父类的某个构造方法时，编译器就会默认在子类的构造方法后面添加":base()"，也就是会去调用父类中默认参数的构造方法。

关于使用 base 关键字调用父类的构造方法，还有以下两点需要注意：

（1）通过 base 关键字调用父类的构造方法，只能够在子类的构造方法中使用，即不能够在其他方法中使用 base 关键字调用父类的构造方法；

（2）语法中的参数列表需要和父类中某个构造方法的形式参数匹配，否则 C#编译器会给出语法错误。

8.1.4　隐藏基类成员

C#使用派生类继承基类的成员，这样可以避免重新定义的工作量，同时也减少了程序维护的工作量。然而在子类中难免会定义一个与从基类继承来的完全相同的字段，此时希望基类继承过来的成员能够被隐藏起来。

可使用 new 保留字来隐藏基类的方法，旧的方法还是会被扩充类继承下来，不过通过 new 保留字将可以使用一个完全不同的方法取代掉旧的方法。

但是这并不意味着来自基类的字段或方法不存在了，或者是不能用了。而是表示被隐藏的字段、方法只能被来自同样基类的方法所访问。

如果派生类一定要访问被隐藏的字段，则需要在字段前加上"base."以表示是来自基类的同名字段。例如：

base.studName

【例 8-4】方法的隐藏。Account 类定义了一个代表账户余额的字段和一个增加余额的方法 AddAccount()，该方法的返回类型为 void。重新定义 Account 类的一个派生类 New Account，重写 AddAccount()方法，让它返回更新后的余额。

```csharp
using System;
namespace    Chapter8
{
    public class Account
    {
        private double balance;
        public double Balance
        {
            get { return balance; }
            set { balance = value; }
        }
        public Account(double balance)
        {
```

```
            this.balance = balance;
        }
        public void AddAccount(double amount)
        {
            balance += amount;
        }
    }
    public class NewAccount : Account
    {
        public NewAccount(double b):base(b)    {      }
        public new double AddAccount(double amount)
        {
            Balance += amount;
            return Balance;
        }
    }
    class Program
    {
        static void Main(string[] args)
        {
            Account account = new Account(500);
            account.AddAccount(100);
            Console.WriteLine("Account---Balance is {0}", account.Balance);
            NewAccount newAccount = new NewAccount(600);
            Console.WriteLine("NewAccount---Balance is {0}",  newAccount.AddAccount(100));
            account = newAccount;
            account.AddAccount(100);
            Console.WriteLine("NewAccount---Balance is {0}",  account.Balance );
        }
    }
}
```

编译执行后，将在屏幕输出：

```
Account---Balance is 600
NewAccount---Balance is 700
NewAccount---Balance is 800
```

从结果中看到，newAccount.AddAccount(100)语句调用的是子类 NewAccount 中的方法。如果类 NewAccount 中的 AddAccount 方法定义没有使用 new 关键字，编译时会发出警告信息：
"NewAccount.AddAccount(double) 隐藏了继承的成员 Account.AddAccount (double)，如果是有意隐藏，请使用关键字 new"。

微课：掌握类的
继承（2）

8.2 认识访问规则

所有类和类的成员都具有可访问性级别，用来控制是否可以在程序集的其他代码中或其他程序集中使用它们。其中访问修饰符除了可以修饰类和方法之外，还可以修改字段、属性、索引器，但不可以修饰命名空间、局部变量、方法参数。

8.2.1　认识公有访问修饰符

public 关键字使得任何外部的类都可以不受限制地存取这个类的方法（Method）和数据成员。public 访问权限是最宽容的访问级别，public 的直观含义是"访问不受限制"。代码举例如下：

```
public class Student
{
    public string _stuName;
}
class Program
{
    static void Main(string[] args)
    {
        Student stu = new Student();
        stu._stuName = "张三";
    }
}
```

8.2.2　认识私有访问修饰符

使用 private 关键字后，成员只可供在声明它们的类的主体中访问。private 访问权限是最不宽容的访问级别，其直观含义是"访问范围限定于它所属的类型"。代码举例如下：

```
public class Student
{
    private string _stuName;
    public string GetStuName()
    {
        return _stuName;
    }
    protected void SetStuName(string _stuName)
    {
        this._stuName = _stuName;
    }
    private void ShowStuName()
    {
        Console.WriteLine("学生姓名:{0}",  this._stuName);
    }
    public void UsingMethods()
    {
        this._stuName = "张三";          // 在本类中可以访问类中的私有变量
        string name = this.GetStuName();     //使用this关键字调用本类中的public方法
        this.SetStuName("李四");         //使用this关键字调用本类中protected的方法
        this.ShowStuName();              //使用this关键字调用本类中private的方法
```

```
    }
}
class Program
{
    static void Main(string[] args)
    {
        Student stu = new Student();
        //stu._stuName = "张三";    //拒绝访问，不会编译
        stu.UsingMethods();
    }
}
```

除了在本类中使用之外，private 的方法不能在任何地方使用。最需要注意的是，private 方法对于类的子类也是不可见的，看下面的例子。

```
public class SubClass : Student
{
    public void usingProtectedMethod()
    {
        base.UsingMethods();    //使用父类中public的方法
    }

    public void usingPrivateMethod()
    {
        // base.ShowStuName(); 尝试使用父类中的private的方法错误!父类private的方法对子类不可见
    }
}
```

8.2.3 认识保护访问修饰符

如果父类中的成员只允许父类和其派生类访问，不允许其他类访问，则在父类中用 protected 修饰该成员；当使用 base 关键字时，是可以访问父类成员的。protected 的直观含义是"访问范围限定于它所属的类或从该类派生的类型"。

```
public class Student
{
    protected string _stuName;
    public string GetStuName()
    {
        return _stuName;
    }
    protected void SetStuName(string _stuName)
    {
        this._stuName = _stuName;
    }
}
public class SubClass : Student
{
```

```
public void UsingProtectedMethod()
{
    base.SetStuName("张三");
    Console.WriteLine("学生姓名:{0}", _stuName);
}
}
```

8.2.4　认识内部访问修饰符

internal 仅限于当前程序集，即同一个 project 中，其他项目不能访问。class 或 struct、interface 如果不加修饰符则默认是 internal，但也可以显式声明为 internal 或 public。

8.3　认识重写

在继承关系中，子类会自动继承父类中的方法，但有时父类的方法不能满足子类的需求，那么可以对父类的方法进行重写。当重写父类的方法时，要求子类的方法名、参数类型和参数个数必须与父类方法相同，而且父类方法必须使用 virtual 关键字修饰，子类方法必须使用 override 关键字修饰，被 virtual 关键字修饰的方法称为虚方法。

重写是指在子类中编写有相同名称和参数的方法。重写和重载是不同的，后者是指编写在同一个类中具有相同的名称，却有不同的参数的方法。也就是说，重写是指子类中的方法与基类中的方法具有相同的签名，而重载方法具有不同的签名。

8.3.1　定义虚方法

virtual 关键字用于修饰方法、属性、索引器或事件声明，并且允许在派生类中重写这些对象。例如，以下定义了一个虚拟方法并可被任何继承它的类重写：

```
class Animal      //定义Animal类
{
    public virtual void Shout()      //定义动物叫的方法，使用virtual关键字表示可被子类重写
    {
        Console.WriteLine("动物发出叫声");
    }
}
```

调用虚方法时，首先调用派生类中的该重写成员，如果没有派生类重写该成员，则它可能是原始成员。

注意

默认情况下，方法是非虚拟的，不能重写非虚拟方法。

virtual 修饰符不能与 static、abstract 和 override 修饰符一起使用，在静态属性上使用 virtual 修饰符是错误的。

8.3.2 使用 override

override 方法提供从基类继承的成员的新实现。通过 override 声明重写的方法称为重写基方法。不能重写非虚拟方法或静态方法，override 声明不能更改 virtual 方法的可访问性。

例如

```
class Dog: Animal        //定义Dog类继承Animal类
{
    public override void Shout()        //重写Dog类的叫声
    {
        Console.WriteLine("汪汪.........");
    }
}
```

为了在 C#中实现多态，允许使用一个父类类型的变量来引用一个子类类型的对象，根据被引用子类对象特征的不同，得到不同的运行结果。实现多态的方式有多种，接下来通过重写的方式来学习如何实现多态。

【例 8-5】通过多态实现不同动物的叫声。

```
    using System；
    namespace Chapter8
    {
     class Animal      //定义Animal类
        {
            public virtual void Shout()        //定义动物叫的方法，使用virtual关键字表示可被子类重写
            {
                Console.WriteLine("动物发出叫声");
            }
        }
        class Cat : Animal
        {
            public override void Shout()
            {
                Console.WriteLine("喵喵.......");
            }
        }
        class Dog : Animal
        {
            public override void Shout()
            {
                Console.WriteLine("汪汪.......");
            }
        }
        class Program
        {
            static void Main(string[] args)
            {
```

```
        Animal cat = new Cat(); //创建Cat对象，使用Animal类型的变量引用
        Animal dog = new Dog();
        AnimalShout(cat);
        AnimalShout(dog);
        Console.ReadKey();
    }
    static void AnimalShout(Animal animal)
    {
        animal.Shout(); //调用实际参数的shout方法
    }
    }
}
```

编译执行后，将在屏幕输出：

```
喵喵.......
汪汪.......
```

在本例中，代码实现了父类类型变量引用不同的子类对象，当代码调用 AnimalShout()方法时，将父类引用的两个不同子类对象分别传入，结果打印出了各自对象的叫声。由此可见，多态可以使程序变得更加灵活，从而有效提高程序的可扩展性和可维护性。

【例 8-6】设计一个控制台应用程序，采用虚方法求长方形、圆、圆球体和圆柱体的面积或表面积。

```
using System;
namespace Chapter8
{
  public class Rectangle//长方形类
    {
        public const double PI = Math.PI;
        protected double x, y;
        public Rectangle(double xl, double yl)
        {
            x = xl;
            y = yl;
        }
        public virtual double Area() //求面积
        { return x * y; }
    }
    public class Circle : Rectangle        //圆类
    {
        public Circle(double r) : base(r, 0) { }
        public override double Area() //求面积
        {
            return PI * x * x;
        }
    }
    class Sphere : Rectangle    //圆球体类
    {
```

```
        public Sphere(double r) : base(r, 0) { }
        public override double Area() //求面积
        {
            return 4 * PI;
        }
    }
    class Cylinder : Rectangle //圆柱体类
    {
        public Cylinder(double r, double h) : base(r, h) { }
        public override double Area()   //求面积
        {
            return 2 * PI * x * x + 2 * PI * x * y;
        }
    }
    class Program
    {
        static void Main(string[] args)
        {
            double x = 1.4, y = 2.6;
            double r = 2.0, h = 4;
            Rectangle[] rectangle = new Rectangle[4];
            rectangle[0] = new Rectangle(x, y);
            rectangle[1] = new Circle(r);
            rectangle[2] = new Sphere(r);
            rectangle[3] = new Cylinder(r, h);
            Console.WriteLine("长方形的长:{0}, 宽:{1},面积:{2:f2}", x, y, rectangle[0].Area());
            Console.WriteLine("圆的半径:{0}, 面积:{1:f2}", r, rectangle[1].Area());
            Console.WriteLine("圆球体的半径:{0}, 表面积:{1:f2}", r, rectangle[2].Area());
            Console.WriteLine("圆柱体的半径:{0}, 高度:{1}, 表面积:{2:f2}", r, h, rectangle[3].Area());
        }
    }
}
```

编译执行后，将在屏幕输出：

长方形的长:1.4,宽:2.6,面积:3.64
圆的半径:2,面积:12.57
　圆球体的半径:2,表面积:12.57
圆柱体的半径:2,高度:4,表面积:75.40

微课：掌握类的
继承（3）

8.4 认识抽象类

需要设计一组类，用来表示学校中的人员系统。学校中有三种不同身份的人，分别是学生、老师和校长。使用三个类来表示这三种不同的人员。这三个类均拥有一个名字属性，并可以介绍自己。很明显，既然这三个类如此相似，可以使用继承来简化代码。

首先编写一个 Person 类，这个类将作为其他类的父类，类中只有一个名字 name 属性。类中有三个方法，分别为：设置名字的 SetName()方法，得到名字的 GetName()方法和介绍自己的 IntroduceSelf()
方法。然后，学生（Student）、老师（teacher)和校长（Schoolmaster)类都继承这个 Person 类，并
在这些类中分别覆盖 introduceSelf()方法，以实现符合类所代表身份的人介绍自己的不同行为，类图
如图 8-6 所示。

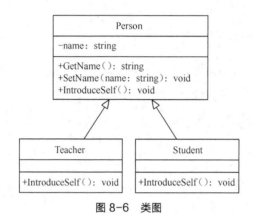

图 8-6　类图

Person 类代码如下：

```
public class Person
{
    string name;
    public Person(string name)
    {
        this.name = name;
    }
    public string GetName()
    {
        return this.name;
    }
    public void SetName(string name)
    {
        this.name = name;
    }
    public void IntroduceSelf()
    {          }
}
```

因为 Person 类实际上并不代表系统中的某种人员类别，而是出于程序设计的目的创建的一个父
类，系统并没有规定 Person 类中的 IntroduceSelf()方法应该做的事情，所以在这个方法中，就什么
事情都不做。

根据系统的需求来说，对于 Person 类中那个空的 IntroduceSelf 方法，还是让人觉得有两点不
舒服。

（1）Person 类的 IntroduceSelf()方法是不应该被调用的，因为这在系统中没有任何意义。

（2）Person 类中的 IntroduceSelf()方法是必须要被其子类覆盖的，否则的话，当调用 IntroduceSelf()

方法时，Person 类的 IntroduceSelf()方法就会被执行了，我们前面说过，Person 类的 IntroduceSelf()方法是没有任何意义的，不应该被调用。所以，如果 Person 类的子类没有覆盖 IntroduceSelf()方法，可以说这个子类就没有完成"任务"。

正因如此我们希望 Person 类的 IntroduceSelf()不能被调用，子类中必须提供此方法的具体实现，这时候我们可以将这个方法定义为抽象方法，具有抽象方法的类将被定义为抽象类。

8.4.1 抽象类的定义

将关键字 abstract 置于关键字 class 的前面可以将类声明为抽象类，抽象类不能实例化，一般用于提供多个派生类可共享的基类的公共定义。

抽象类与非抽象类相比，具有下列特征：

（1）抽象类不能直接实例化，对抽象类使用 new 运算符会导致编译时错误；可以定义抽象类型的变量，但值必须为 null，或者是其派生的非抽象类的实例的引用；

（2）允许抽象类包含抽象成员；

（3）抽象类不能被密封；

（4）当从抽象类派生非抽象类时，这些非抽象类必须实现所继承的所有抽象成员，从而重写抽象成员。

其定义格式如下：

```
abstract class  类名
{
        //类成员定义
}
```

当类中的方法，声明时加上 abstract 保留字，这个方法通常被称为抽象方法。abstract 方法隐含是属于 virtual 的，因此，不能够和 virtual 保留字一起使用。而且还有一个限制，只有在抽象类之中才能够定义抽象方法，而一个非抽象类是不能够声明抽象方法的。

抽象方法的定义格式如下：

```
访问修饰符  abstract  返回值类型   方法名(参数列表);
```

抽象方法定义不包含实现部分，没有函数体的花括号部分，如果给出花括号，则出错。

8.4.2 抽象类的使用

【例 8-7】使用抽象类和抽象方法完成本节开头的例子，使学生、教师和校长能够分别介绍自己。

```
using System;
namespace    Chapter8
{
    public abstract class Person
    {
    string name;
    public Person(string name)
    {
        this.name = name;
    }
```

```csharp
        public string GetName()
        {
            return this.name;
        }
        public void SetName(string name)
        {
            this.name = name;
        }
        public abstract void introduceSelf();
    }

    public class Student : Person
    {
        public Student(string name) : base(name) { }
        public    override    void introduceSelf()
        {
            Console.WriteLine("嗨，大家好，我是一名学生，我的名字叫"+GetName());
        }
    }
    public class Teacher : Person
    {
        public Teacher(string name) : base(name) { }
        public    override    void introduceSelf()
        {
            Console.WriteLine("学生们好，我是一名老师，我的名字叫" + GetName());
        }
    }

    public class SchoolMaster : Person
    {
        public SchoolMaster(string name) : base(name) { }
        public    override    void introduceSelf()
        {
            Console.WriteLine("大家好，我是本校校长，我的名字叫" + GetName());
        }
    }
    class Program
    {
        static void Main(string[] args)
        {
            Student s = new Student("张三");
            Teacher t = new Teacher("李四");
            SchoolMaster sm = new SchoolMaster("王武");
            Person[] p = new Person[3]{s, t, sm};
            foreach (Person item in p)
```

```
                {
                    item.introduceSelf();
                }
            }
        }
    }
```

编译执行后，将在屏幕输出：

嗨，大家好，我是一名学生，我的名字叫张三
学生们好，我是一名老师，我的名字叫李四
大家好，我是本校校长，我的名字叫王武

下面结合 Person 类，来解释这几条语法规则。

（1）对于抽象类 Person，是无法通过 "new Person("人名")" 来创建一个对象的，这是抽象类中"抽象"的属性。

（2）C#语法并不要求抽象类必须包含抽象方法，但是，如果类中有了抽象方法，（无论是来自继承还是类中本来就有）那么这个类就必须声明为抽象的。

（3）C#还要求抽象类的子类必须实现其父类中的抽象方法，否则这个子类也必须是抽象的。也就是说，如果 Student 类没有实现 Person 类中的 IntroduceSelf 抽象方法，那么 Student 类也必须声明为抽象的。

微课：掌握类的
继承（4）

8.5　认识密封类

有时候，可能不想让子类继承父类的某些成员，这时可以使用 sealed 类，通过 sealed 保留字，防止类被继承。换句话说，sealed 类不可以成为任何类的基础类。

8.5.1　密封类的定义

通过将关键字 sealed 置于关键字 class 的前面，可以将类声明为密封类（sealed class）。密封类不能用作基类，因此，它也不能是抽象类。

密封类的定义格式如下：

```
public sealed class 类名 {
    类成员定义
}
```

同样地，当实例方法声明包含 sealed 修饰符时，称该方法为密封方法（sealed method）。

密封方法定义格式如下：

```
访问修饰符 sealed 返回值类型  方法名(参数列表){ }
```

在许多情况下，可以把密封类和密封方法看作是与抽象类和抽象方法的对立。把类方法声明为抽象，表示该类或方法必须被重写或继承；而把类或方法声明为密封，表示该类或方法不能重写或继承。

8.5.2　密封类的使用

【例 8-8】密封类的使用。

```
using System;
namespace   Chapter8
```

```
{
    public abstract class Shape
    {
        public abstract double GetArea();
    }
    public    class Rectangle : Shape
    {
        double width， height;
        public Rectangle() { }
        public Rectangle(double width， double height)
        {
            this.width = width;
            this.height = height;
        }
        public sealed override double GetArea()
        {
            return   width * height;
        }
    }
    public class Square : Rectangle
    {
        double width;
        public Square(double width)
        {
            this.width = width;
        }
        //public  override   double  GetArea()    //不能重写密封方法
        //{
        //    return width * width;
        //}
        public new double GetArea()
        {
            return width * width;
        }
    }
    class Program
    {
        static void Main(string[] args)
        {
            Rectangle r = new Rectangle(3， 4);
            Console.WriteLine(r.GetArea());
            Square s = new Square(3);
            Console.WriteLine(s.GetArea());
        }
    }
}
```

编译执行后，将在屏幕输出：

长方形的面积=12
正方形的面积=9

8.6 认识扩展方法

扩展方法能够向现有类型"添加"方法，而无需创建新的派生类型、重新编译或以其他方式修改原始类型。扩展方法是一种特殊的静态方法，调用扩展方法与调用在类型中实际定义的方法之间没有明显的差异。

8.6.1 扩展方法的定义

首先需要定义一个准备包含扩展方法的静态类。

```
public    static class EnlargeClass
{
        // 加入扩展方法

}
```

其次，向该类添加一个静态的方法。该方法的第一个参数必须以 this 修饰符开头，形参为需要将该方法绑定到的类型，这一参数不需要使用者在调用处显式提供。接下来的形参则根据方法需要添加。

如：

```
public static returnType    MethodName (this ClientClass refObj ,        parameterType      parameter   )
```

注意
（1）ClientClass 表示要绑定到的类型，编译器根据这一类型来决定该方法绑定到哪种类型上。refObj 表示当前的对象，即调用者的实例的一个引用。

（2）指示绑定到的类型的参数必须由 this 修饰，从这一点可以看出，this 关键字表示了 EnlargeClass 在当前的上下文的一个引用。

（3）指示类型绑定的参数必须处于该方法的第一个位置，这样编译器不会关注下面的参数列表，否则将不能通过编译。

（4）如果定义了一个和原类成员相同的扩展方法，则编译器优先于原类型方法。所以，编写扩展方法时要注意不能和原类方法重名。

（5）可以向.net 的所有类型和自定义的类型添加扩展方法，在扩展方法的静态类中，可以为多个类型绑定方法。

8.6.2 扩展方法的使用

调用一个扩展方法的步骤如下：
首先需要使扩展类在当前环境下可见，如果扩展方法创建在其他命名空间，请引入该命名空间。
其次，在这一类型的实例中像使用该类型定义的非静态成员一样使用它。

【例8-9】使用扩展方法。

```
using System;
namespace   Chapter8
```

```
{
    public class Student
    {
        public Student(string name, string sex, string age)
        {
            this.name = name;
            this.sex = sex;
            this.age = age;
        }
        private string name;
        public string Name
        {
            set { this.name = value; }
            get { return this.name; }
        }
        private string sex;
        public string Sex
        {
            set { this.sex = value; }
            get { return this.sex; }
        }
        private string age;
        public string Age
        {
            set { this.age = value; }
            get { return this.age; }
        }
        public override string   ToString()
        {
            return string.Format("{0}","类本身的方法覆盖了同名扩展方法");
        }
    }
    public static class ExtendStudent
    {
        public static string ExtendToString(this Student temp,string msg)
        {
            return string.Format("{0}   我是{1},性别{2},今年{3}岁",msg,temp.Name,temp.Sex,temp.Age);
        }
        public static string ToString(this Student temp)
        {
            return "扩展方法能够覆盖原始类的同名方法";
        }
    }
    class Program
    {
```

```
        static void Main(string[] args)
        {
                Student stu=new Student ("张三","男性","20");
                Console.WriteLine(stu.ToString());
                Console.WriteLine( ExtendStudent.ExtendToString(stu, "直接通过静态类PersonExtend调用,"));
                Console.WriteLine(stu.ExtendToString("直接通过Person的实例调用,"));
        }
    }
}
```

编译执行后，将在屏幕输出：

类本身的方法覆盖了同名扩展方法
直接通过静态类PersonExtend调用,   我是张三,性别男性,今年20岁
直接通过Person的实例调用,   我是张三,性别男性,今年20岁

使用扩展方法需要遵守以下原则：

（1）扩展方法不改变被扩展类的代码，不用重新编译、修改、派生被扩展类。

（2）扩展方法不能访问被扩展类的私有成员。

（3）扩展方法会被扩展类的同名方法覆盖，所以实现扩展方法需要承担随时被覆盖的风险。

微课：掌握类的继承（5）

8.7　认识克隆

8.7.1　克隆的意义

通过克隆技术可以实现以一个现有类的实例来构建另一个该类的实例，并且属性和状态保持一致。

C#有两种对象克隆的方法：浅克隆和深克隆。

1. 浅克隆

在浅克隆中，如果原型对象的成员变量是值类型，将复制一份给克隆对象；如果原型对象的成员变量是引用类型，则将引用对象的地址复制一份给克隆对象，也就是说原型对象和克隆对象的成员变量指向相同的内存地址。简单来说，在浅克隆中，当对象被复制时只复制它本身和其中包含的值类型的成员变量，而引用类型的成员对象并没有复制，如图 8-7 所示。

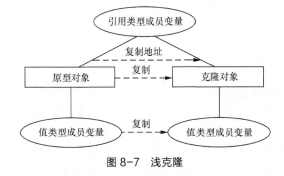

图 8-7　浅克隆

ICloneable 接口包含一个 Clone 方法，可以用来创建当前对象的拷贝。

```
public interface ICloneable {    object Clone(); }
```

ICloneable 接口包含一个 Clone 成员方法，意在支持超过 MemberWiseClone 所提供的功能，其中 MemberWiseClone 进行的是浅拷贝。

ICloneable 的缺点是 Clone 方法返回的是一个对象，因此每次调用 Clone 都要进行一次强制类型转换。

2. 深克隆

在深克隆中，无论原型对象的成员变量是值类型还是引用类型，都将复制一份给克隆对象，深克隆将原型对象的所有引用对象也复制一份给克隆对象。简单来说，在深克隆中，除了对象本身被复制外，对象所包含的所有成员变量也将被复制，如图 8-8 所示。

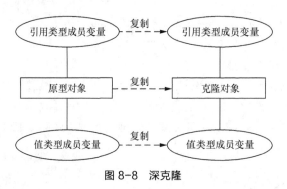

图 8-8 深克隆

在 C#语言中，如果需要实现深克隆，可以通过序列化（Serialization）等方式来实现。序列化就是将对象写到流的过程，写到流中的对象是原有对象的一个拷贝，而原对象仍然存在于内存中。通过序列化实现的拷贝不仅可以复制对象本身，而且可以复制其引用的成员对象，因此通过序列化将对象写到一个流中，再从流里将其读出来，可以实现深克隆。需要注意的是，能够实现序列化的对象其类必须实现 Serializable 接口，否则无法实现序列化操作。

8.7.2　克隆的实现方法

1. 使用 MemberWiseClone 方法完成浅克隆

MemberWiseClone 是 Object 类的受保护方法，对于值类型的域，进行的是按位拷贝。对于引用类型的域，引用会被赋值而引用的对象则不会。

【例 8-10】浅克隆学生类。

```
using System;
namespace Chapter8
{
    public class Birthday
    {
        public int Year{get;set;}
        public int Month{get;set;}
        public int Day{get;set;}
        public override string ToString()
        {
            return string.Format("{0}-{1}-{2}", Year, Month, Day);
```

```
                }
        }
        public class Student : ICloneable
        {
                public int Age { get; set; }
                public string Name { get; set; }
                public Birthday StuBirthday { get; set; }
                public object Clone()
                {
                        return this.MemberwiseClone();
                }
        }
    class Program
    {
        static void Main(string[] args)
        {
            Birthday stu1_birthday = new Birthday();
            stu1_birthday.Year = 2017;
            stu1_birthday.Month = 7;
            stu1_birthday.Day = 1;
            Student stu1 = new Student();
            stu1.Name = "张三";
            stu1.Age = 20;
            stu1.StuBirthday = stu1_birthday;
            Student stu2 = stu1.Clone() as Student;
            Console.WriteLine("克隆之后的stu2的姓名:{0},年龄：{1}",stu2.Name,stu2.Age);
            Console.WriteLine("克隆之后的stu2的出生日期:{0}", stu2.StuBirthday.ToString());
            Console.WriteLine("两个实例是否相同：{0}",object.ReferenceEquals(stu1,stu2));
            Console.WriteLine("两个引用是否相同：{0}", object.ReferenceEquals(stu1.StuBirthday, stu2.
StuBirthday));
            stu1.Age = 25;
            stu1.Name = "李四";
            stu1.StuBirthday.Day = 2;
            Console.WriteLine("——————修改之后的信息——————————");
            Console.WriteLine("被克隆的stu1的姓名:{0},年龄：{1}", stu1.Name, stu1.Age);
            Console.WriteLine("被克隆的stu1的出生日期:{0}", stu1.StuBirthday.ToString());
            Console.WriteLine("克隆之后的stu2的姓名:{0},年龄：{1}", stu2.Name, stu2.Age);
            Console.WriteLine("克隆之后的stu2的出生日期:{0}", stu2.StuBirthday.ToString());
        }
    }
}
```

编译执行后，将在屏幕输出：

克隆之后的stu2的姓名:张三,年龄：20

克隆之后的stu2的出生日期:2017-7-1

两个实例是否相同：False

两个引用是否相同：True

——————修改之后的信息——————

被克隆的stu1的姓名:李四,年龄：25

被克隆的stu1的出生日期:2017-7-2

克隆之后的stu2的姓名:张三,年龄：20

克隆之后的stu2的出生日期:2017-7-2

请按任意键继续...

从本例中可以再次证明浅克隆是指将对象中的所有字段逐字复制到一个新对象。对值类型字段只是简单地拷贝一个副本到目标对象，改变目标对象中值类型字段的值不会反映到原始对象中，因为拷贝的是副本。对引用型字段则是指拷贝它的一个引用到目标对象，改变目标对象中引用类型字段的值将反映到原始对象中，因为拷贝的是指向堆上的一个地址。

2．通过序列化完成深克隆

克隆一个对象的最简单的方法是将它序列化并立刻反序列化为一个新对象。序列化方法是自动的，无须在对对象成员进行增删的时候做出修改。缺点是序列化比其他方法慢，甚至比用反射还慢，所有引用的对象都必须是可序列化的（Serializable）。

【例 8-11】通过深克隆的方法修改例 8-10。

```
using System;
namespace   Chapter8
{
    [Serializable]
    public class Birthday
    {
        public int Year { get; set; }
        public int Month { get; set; }
        public int Day { get; set; }
        public override string ToString()
        {
            return string.Format("{0}-{1}-{2}", Year, Month, Day);
        }
    }
    [Serializable]
    public class Student
    {
        public int Age { get; set; }
        public string Name { get; set; }
        public Birthday StuBirthday { get; set; }
        public Student GetCloneStudent()
        {
            //将对象序列化成内存中的二进制流
            BinaryFormatter inputFormatter = new BinaryFormatter();
            MemoryStream inputMS;
            using (   inputMS = new MemoryStream())
            {
                inputFormatter.Serialize(inputMS, this);
```

```
            }
            object obj;
            //将二进制流反序列化为对象
            using (MemoryStream outputMS = new MemoryStream(inputMS.ToArray()))
            {
                BinaryFormatter outputFormatter = new BinaryFormatter();
                obj = outputFormatter.Deserialize(outputMS);
            }
            return   (Student)obj;
        }
    }
    class Program
    {
        static void Main(string[] args)
        {
            Birthday stu1_birthday = new Birthday();
            stu1_birthday.Year = 2017;
            stu1_birthday.Month = 7;
            stu1_birthday.Day = 1;
            Student stu1 = new Student();
            stu1.Name = "张三";
            stu1.Age = 20;
            stu1.StuBirthday = stu1_birthday;
            Student stu2 = stu1.GetCloneStudent();
            Console.WriteLine("克隆之后的stu2的姓名:{0},年龄：{1}", stu2.Name, stu2.Age);
            Console.WriteLine("克隆之后的stu2的出生日期:{0}", stu2.StuBirthday.ToString());
            Console.WriteLine("两个实例是否相同：{0}", object.ReferenceEquals(stu1, stu2));
            Console.WriteLine(" 两 个 引 用 是 否 相 同 ：{0}",  object.ReferenceEquals(stu1.StuBirthday,
stu2.StuBirthday));
            stu1.Age = 25;
            stu1.Name = "李四";
            stu1.StuBirthday.Day = 2;
            Console.WriteLine("----------修改之后的信息-----------------");
            Console.WriteLine("被克隆的stu1的姓名:{0},年龄：{1}", stu1.Name, stu1.Age);
            Console.WriteLine("被克隆的stu1的出生日期:{0}", stu1.StuBirthday.ToString());
            Console.WriteLine("克隆之后的stu2的姓名:{0},年龄：{1}", stu2.Name, stu2.Age);
            Console.WriteLine("克隆之后的stu2的出生日期:{0}", stu2.StuBirthday.ToString());
        }
    }
}
```

编译执行后，将在屏幕输出：

克隆之后的stu2的姓名:张三,年龄：20

克隆之后的stu2的出生日期:2017-7-1

两个实例是否相同：False

两个引用是否相同：False

```
----------修改之后的信息------------------
被克隆的stu1的姓名:李四,年龄：25
被克隆的stu1的出生日期:2017-7-2
克隆之后的stu2的姓名:张三,年龄：20
克隆之后的stu2的出生日期:2017-7-1
请按任意键继续...
```

通过该例题，可以看出深克隆与浅克隆不同的是对于引用字段的处理。深克隆将会在新对象中创建一个新的对象和原始对象中对应字段相同（内容相同）的字段，也就是说这个引用和原始对象的引用是不同的，我们改变新对象中这个字段的时候是不会影响到原始对象中对应字段的内容。

8.8　课后习题

选择题

（1）下列关于 C#中继承的描述，错误的是（　　）。

    A．一个派生类可以有多个基类

    B．通过继承可以实现代码重用

    C．派生类还可以添加新的特征或修改已有的特征以满足特定的要求

    D．继承是指基于已有类创建新类

（2）下列关于抽象类的说法错误的是（　　）。

    A．抽象类可以实例化   B．抽象类可以包含抽象方法

    C．抽象类可以包含非抽象成员   D．抽象类可以派生出新的抽象类

（3）以下关于继承的说法错误的是（　　）。

    A．一个类只能继承一个基类

    B．派生类不能直接访问基类的私有成员

    C．protected 修饰符既有公有成员的特点，又有私有成员的特点

    D．基类对象不能引用派生类对象

（4）派生类访问基类的成员，可使用（　　）关键字。

    A．base   B．this   C．out   D．external

（5）在 C#中利用 sealed 修饰的类（　　）。

    A．密封，不能继承   B．密封，可以继承

    C．表示基类   D．表示抽象类

第9章

使用接口

本章介绍的接口，是 C#用来弥补单继承中的不足，可以完成多重继承功能的元素。

➜ **教学目标**

■ 认识接口
■ 掌握接口的实现方法

9.1 什么是接口

微课：使用接口

抽象化目的是降低程序版本更新后，在维护方面的负担。这种方法使得功能的提供者和功能的使用者能够分开，各自独立，彼此不受影响。

为了达到抽象化的目的，需要在功能提供者与功能使用者之间提供一个共用的规范，功能提供者与功能使用者都要按照这个规范来提供、使用这些功能。这个共同的规范就称为接口（Interface）。接口定义了功能数量、函数名称、函数参数、参数顺序等。

9.2 实现接口

类除了可以继承其他类之外，还可以继承并实现多个接口（Interface）。接口表示一组功能相似的函数定义，但其中并无实现的部分。你不能够生成接口实体，只有继承自此接口的类才能生成实体。

若要在C#中声明一个接口，可使用 interface 保留字来完成。

在命名方面，通常建议自定义接口类型名以大写的"I"开头，以表明这是一个接口（Interface）。

声明接口在语法上和声明抽象类完全相同，例如这里有一个表示银行账户的接口：

```
public interface IBankAccount
{
    void PayIn(decimal amount);
    bool Withdraw(decimal amount);
    decimal Balance
    {
        get;
    }
}
```

注意

接口中只能包含方法、属性、索引器和事件的声明。不允许声明成员上的修饰符，即使是 pubilc 也不行，因为接口成员总是公有的。

9.2.1 类实现单个接口

实现一个接口需要完成"两步走"。第1步，使用"："告诉C#编译器这个类将要实现这个接口。也就是说，对于接口中规定的所有抽象的、没有方法体的方法，这个类将给出具体的方法体。第2步，其实就是在类中添加接口中规定的方法，以实现这个接口，"让抽象的接口具体化"，让类中实实在在的方法来实现接口中的抽象方法。所谓的实现，就是对于接口中每个抽象方法，都要在类中提供一个与之签名相同、返回值兼容的方法。

```
class 类名 ： 接口名
{
    ……
}
```

【例 9-1】定义一个类，实现银行存取款接口。

```csharp
using System;
namespace Chapter9
{
    class SaverAccount : IBankAccount
    {
        private decimal balance;
        public decimal Balance
        {
            get
            {
                return balance;
            }
        }
        public void PayIn(decimal amount)
        {
            balance += amount;
        }
        public bool Withdraw(decimal amount)
        {
            if (balance >= amount)
            {
                balance -= amount;
                return true;
            }
            Console.WriteLine("Withdraw failed.");
            return false;
        }
        public override string ToString()
        {
            return String.Format("Venus Bank Saver:Balance={0,6:C}", balance);
        }
    }
    class Program
    {
        static void Main(string[] args)
        {
            IBankAccount venusAccount = new SaverAccount();
            venusAccount.PayIn(200);
            Console.WriteLine(venusAccount.ToString());
            venusAccount.PayIn(400);
            venusAccount.Withdraw(500);
            venusAccount.Withdraw(100);
            Console.WriteLine(venusAccount.ToString());
            venusAccount.Withdraw(100);
```

```
        Console.WriteLine(venusAccount.ToString());
        }
    }
}
```

编译执行后，将在屏幕输出：

```
Venus Bank Saver:Balance= ￥200.00
Venus Bank Saver:Balance= ￥0.00
Withdraw failed.
Venus Bank Saver:Balance= ￥0.00
```

9.2.2　类实现多个接口

多重继承指的是一个类可以同时从多于一个的父类那里继承行为和特征，C#为了保证数据安全，它只允许单继承。但有时候确实是需要实现多重继承，而且现实生活中也真正地存在这样的情况，比如遗传，孩子既继承了父亲的行为和特征，也继承了母亲的行为和特征。多重继承显然在理论上是成立的，但在编程领域存在一种被称为菱形继承的危险。

如图 9-1 所示，有一个动物基类，本身带有一个叫声的方法。在其派生类狗和猫中分别重写这个方法，并分别输出二者的叫声。如果有一个狗猫类同时继承了狗和猫类。那么它同时也继承了二者的叫声方法，那么在实例化该类时，该实例叫声方法究竟是猫的还是狗的呢？

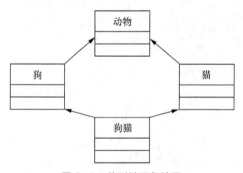

图 9-1　菱形继承危险图

所以 C#本身不提供对多重继承的支持，但是 C#提供使用接口来实现相似的功能，因为我们知道接口类中的方法都是抽象方法没有具体的实现，所以不会出现上述问题。C#中实现多重继承的语法格式为：

```
class  类名 ：[父类名,]接口名，接口名，……
{
    ……
}
```

【例 9-2】使用接口定义"超人"。

```
using System;
namespace Chapter9
{
    interface IFight
    {
```

```
                void CanFight();
        }
        interface ISwim
        {
                void CanSwim();
        }
        interface IFly
        {
                void CanFly();
        }
        class Person
        {
                string name;
                public string Name
                {
                        get { return name; }
                        set { name = value; }
                }
        }
        class SuperMan : Person, IFight, ISwim, IFly      // 先继承类，后实现接口
        {
                public void CanFight()
                {
                        Console.WriteLine("我:超人{0}，打不死",Name);
                }
        public void CanSwim()
        {
                Console.WriteLine("我:超人{0}，淹不死", Name);
        }
        public void CanFly()
        {
                Console.WriteLine("我:超人{0}，还会飞", Name);
        }
        public void Can()
        {
                CanFight();
                CanSwim();
                CanFly();
                Console.WriteLine("我:超人{0}，气死你", Name);
        }
        }
class Program
{
        static void Main(string[] args)
        {
```

```
            SuperMan sm = new SuperMan();
            sm.Name = "张三";
            sm.Can();
        }
    }
}
```

编译执行后，将在屏幕输出：

我:超人张三，打不死

我:超人张三，淹不死

我:超人张三，还会飞

我:超人张三，气死你

抽象类与接口是 C#语言中对抽象概念进行定义的两种机制，正是由于它们的存在才赋予 C#强大的面向对象的能力。它们两者之间对抽象概念的支持有很大的相似，但是也有区别。

【例 9-3】抽象类、接口应用。

```
using System;
namespace Chapter9
{
    interface IMoveable
    {
        void Move();
    }
    abstract class Animal
    {
        private string name;
        private int age;
        public Animal(string name, int age)
        {
            this.name = name;
            this.age = age;
        }
        public Animal()
        {
            this.name = "动物";
            this.age = 0;
        }
        public string Name
        {
            get { return name; }
            set { name = value; }
        }
        public int Age
        {
            get { return age; }
            set
```

```
        {
            if (value > 0)
            {
                age = value;
            }
        }
    }
    public void SayHello()                // 动物打招呼
    {
        Console.WriteLine("Hello! 我是{0}, 今年{1}岁了!", name, age);
    }
    public abstract void Eat();          // 动物都会吃
    public abstract void Breathe();      // 动物都会呼吸
}
class Fish : Animal, IMoveable
{
    public Fish(string name, int age)
    {
        Name = name;
        Age = age;
    }
    public Fish() : this("鱼", 0)
    { }
    public override void Eat()
    {
        Console.WriteLine("鱼吃水草!");
    }
    public override void Breathe()
    {
        Console.WriteLine("鱼用鳃呼吸!");
    }
    public void Move()
    {
        Console.WriteLine("鱼在水里游!");
    }
}
class Dog : Animal, IMoveable
{
    public Dog(string name, int age): base(name, age){ }
    public Dog() : this("狗", 0)   { }
    public override void Eat()
    {
        Console.WriteLine("狗吃骨头!");
    }
    public override void Breathe()
```

```
        {
            Console.WriteLine("狗用鼻子呼吸!");
        }
        public void Move()
        {
            Console.WriteLine("狗在陆地跑!");
        }
    }
    class Car : IMoveable
    {
        public void Move()
        {
            Console.WriteLine("汽车在开动!");
        }
    }
    class Program
    {
        static void Main(string[] args)
        {
            Animal[] a = new Animal[] {   new Fish("小鲤鱼", 1),
new Dog("牧羊犬", 3) };
            IMoveable[] b = new IMoveable[] { new Fish("小鲤鱼", 1),
new Dog("牧羊犬", 3), new Car() };
            MyEat(a);
            Console.WriteLine("**********");
            MyMove(b);
        }
        static void MyEat(Animal[] myArray)
        {
            foreach (Animal a in myArray)
            {
                a.Eat();
            }
        }
        static void MyMove(IMoveable[] myArray)
        {
            foreach (IMoveable a in myArray)
            {
                a.Move();
            }
        }
    }
}
```

编译执行后，将在屏幕输出：

鱼吃水草!

狗吃骨头!

****

鱼在水里游!

狗在陆地跑!

汽车在开动!

通过上面的分析之后，我们可以看出接口和抽象类之间存在着一定的差异性，具体见表 9-1 所示。

表 9-1　接口和抽象类区别

	接口	抽象类
修饰符	interface	abstract
属性	只有静态常量（可省略 public 和 static）	任意
方法	必须是公共的抽象方法	任意
生成对象	（1）不能实例化 （2）无构造方法	（1）不能实例化 （2）有构造方法
继承	多继承	单继承

9.2.3　类实现存在重复成员的多个接口

为了区分类具体实现哪个接口的哪个成员，可以采用显式接口实现，即在实现的成员前面加上接口限定符（例如 ITalk.Read()）。实现类必须显式实现至少一个方法，通过显式实现，实现类可以明确标志方法所属接口。

这就解决了冲突问题，但又产生了一系列有趣的副效应。

首先，无需使用显式实现另一个 Read()方法：public void Read()，因为这里没有冲突，可以照常声明。

更重要的是，显式实现的方法不能用访问修饰字：abstract、virtual、override 或 new 修饰字声明，其中显式实现的方法隐含为公共的。

最重要的是，不能通过对象本身访问显式实现的方法，而应该通过接口去访问显式实现的方法。

【例 9-4】显式实现接口方法。

```
using System;
namespace Chapter9
{
interface IEnglishDimensions
    {
        float Length();
        float Width();
    }
    interface IMetricDimensions
    {
        float Length();
        float Width();
    }
    class Box : IEnglishDimensions, IMetricDimensions
    {
```

```
            float lengthInches;
            float widthInches;
            public Box(float length, float width)
            {
                lengthInches = length;
                widthInches = width;
            }
            public float Length()
            {
                return this.lengthInches;
            }
            public float Width()
            {
                return this.widthInches;
            }
            float IMetricDimensions.Length()
            {
                return lengthInches * 2.54f;
            }
            float IMetricDimensions.Width()
            {
                return widthInches * 2.54f;
            }
        }
        class Program
        {
            static void Main(string[] args)
            {
                Box box1 = new Box(30.0f, 20.0f);
                Console.WriteLine("隐式实现IEnglishDimensions接口中的方法————对象方法");
                Console.WriteLine("长={0},宽={1}",box1.Length(),box1.Width());
                Console.WriteLine("显式实现IEnglishDimensions接口中的方法—————接口方法");
                IEnglishDimensions ed = box1;
                Console.WriteLine("长={0},宽={1}", ed.Length(), ed.Width());
                Console.WriteLine("显式实现IMetricDimensions接口中的方法————接口方法");
                IMetricDimensions md = box1;
                Console.WriteLine("长={0},宽={1}", md.Length(),md.Width());
            }
        }
    }
```

编译执行后，将在屏幕输出：

隐式实现IEnglishDimensions接口中的方法————对象方法
长=30,宽=20
显式实现IEnglishDimensions接口中的方法—————接口方法
长=30,宽=20

显式实现IMetricDimensions接口中的方法-----接口方法
长=76.2,宽=50.8

9.2.4 多个类实现同一个接口

多态就是允许将子类类型的指针赋值给父类类型的指针，也就是同一操作作用于不同的对象，可以有不同的解释，产生不同的执行结果。C#中往往通过让多个类实现同一接口的方式体现多态。

在 C#中多态性可以分为静态多态性和动态多态性。在静态多态性中，函数的响应是在编译时发生的（函数重载、运算符重载就属于这类）。在动态多态性中，函数的响应是在运行时发生的。在运行时，可以通过指向父类的引用，来调用实现子类实例中的方法。在.NET 中用于实现动态多态性的关键词有 virtual、override、abstract、interface。

【例 9-5】实现同一个接口。

```
using System;
namespace Chapter9
{
    public interface    IBird
    {
        void Eat();
    }
    public class Magpie : IBird
    {
        public     void Eat()
        {
            Console.WriteLine("我是一只喜鹊，我喜欢吃虫子¯");
        }
    }
    public class Eagle : IBird
    {
        public     void Eat()
        {
            Console.WriteLine("我是一只老鹰，我喜欢吃肉¯");
        }
    }
    public class Penguin : IBird
    {
        public     void Eat()
        {
            Console.WriteLine("我是一只小企鹅，我喜欢吃鱼¯");
        }
    }
    class Program
    {
        static void Main(string[] args)
        {
            List<IBird> birds = new List<IBird>();
```

```
            birds.Add(new Magpie());
            birds.Add(new Eagle());
            birds.Add(new Penguin());
            foreach (IBird item in birds)
            {
                item.Eat();
            }
            Console.ReadLine();
        }
    }
}
```

编译执行后，将在屏幕输出：

我是一只喜鹊，我喜欢吃虫子‾
我是一只老鹰，我喜欢吃肉‾
我是一只小企鹅，我喜欢吃鱼‾

9.3 课后习题

选择题

（1）在 C#中定义接口时，使用的关键字是（   ）。

    A. interface   B. :

    C. class   D. overrides

（2）在 C#中定义派生类时，指定其基类应使用的语句是（   ）。

    A. interface   B. :

    C. class   D. overrides

（3）在接口的成员中，不能包含（   ）。

    A. 属性   B. 方法   C. 事件   D. 常量

（4）下列关于 C#面向对象应用的描述中，哪项是正确的（   ）。

    A. 派生类是基类的扩展：派生类可以添加新的成员，也可去掉已经继承的成员

    B. abstract 方法的声明必须同时实现

    C. 声明为 sealed 的类不能被继承

    D. 接口像类一样，可以定义并实现方法

（5）下列关于多态的说法中，哪个选项是正确的（   ）。

    A. 重写虚方法时可以为虚方法指定别称

    B. 抽象类中不可以包含虚方法

    C. 虚方法是实现多态的唯一手段

    D. 多态性是指以相似的手段来处理各不相同的派生类。

（6）下列关于接口的说法，哪项是正确的（   ）。

    A. 接口可以被类继承，本身也可以继承其他接口

    B. 定义一个接口，接口名必须使用大写字母 I 开头

    C. 接口像类一样，可以定义并实现方法

    D. 类可以继承多个接口，接口只能继承一个接口

（7）以下关于接口的说法，不正确的是（　　）。

    A. 接口不能实例化

    B. 接口中声明的所有成员隐式地为 public 和 abstract

    C. 接口默认的访问修饰符是 private

    D. 继承接口的任何非抽象类型都必须实现接口的所有成员

（8）在 C#中，关于接口下面说法错误的是（　　）。

    A. 接口是一组规范和标准

    B. 接口可以约束类的行为

    C. 接口中只能含有未实现的方法

    D. 接口中的方法可以指定具体实现，也可以不指定具体实现

第10章

使用结构体

➡ 教学提示

本章主要介绍结构。C#中，结构是一种类型。在分类上，属于值类型。结构与类相似，拥有成员属性和方法，但其初始化和析构方法与类不同。在.NET 类库中存在大量结构，因此掌握结构的语法和用法非常关键。

➡ 教学目标

■ 认识结构体
■ 掌握结构体程序编写

10.1　什么是结构体

微课：使用结构
体（1）

结构是一种值类型，与类相似，拥有成员属性和方法。结构是值类型，而类是引用类型。一般情况下，结构内存分布在栈上，其基本定义结构如下所示：

```
public struct MyStruct
{
    // 字段，属性和事件等
}
```

其中 struct 是定义结构的类型关键字。

【例 10-1】定义一个表示长方形的结构体。

```
using System;
namespace chapter10
{
    public struct RectAngle
    {
        public int X; // 左上角X坐标
        public int Y; // 左上角Y坐标
        public int Width;
        public int Height;
    }
}
```

利用该结构，构建长方形结构实例并打印输出面积，其代码如下。

【例 10-2】计算长方形面积。

```
using System;
namespace chapter10
{
    public static void Main(string[] args)
    {
        RectAngle ra;
        ra.X = 1;
        ra.Y = 1;
        ra.Width = 100;
        ra.Height= 100;
        Console.WriteLine("长方形的面积是{0}", ra.Width * ra.Height);
    }
}
```

上述程序将输出如下内容：

```
长方形的面积是10000
```

改写上述程序，为结构添加计算面积的成员方法，代码实现如例 10-3 所示；

【例 10-3】长方形面积成员方法。

```
using System;
namespace chapter10
```

```
{
    public struct RectAngle
    {
        public int X; //  左上角X坐标
        public int Y; //  左上角Y坐标
        public int Width;
        public int Height;
        public int GetArea()
        {
            return this. Width * this. Height;
        }
    }
    public class Program
    {
        public static void Main(string[] args)
        {
            RectAngle ra;
            ra.X = 1;
            ra.Y = 1;
            ra.Width = 100;
            ra.Height= 100;
            Console.WriteLine("长方形的面积是{0}", ra.getArea());
        }
    }
}
```

上述程序将输出如下内容：

长方形的面积是10000

一个结构不能从另一个结构或类继承，而且不能作为一个类的基类型。因此，结构成员无法声明为 protected。所有结构都直接继承自 System.ValueType。结构可以实现接口。

【例 10-4】实现接口的长方形结构。

```
using System;
namespace chapter10
{
    public interface IShape
    {
        int GetArea();
    }
    public struct RectAngle : IShape //实现接口
    {
        public int X; //  左上角X坐标
        public int Y; //  左上角Y坐标
        public int Width;
        public int Height;
        public int GetArea()
```

```
        {
            return this.X   *   this.Y;
        }
    }
}
```

结构还可以包含构造函数、常量、字段、方法、属性、索引器、运算符、事件和嵌套类型，但如果同时需要上述几种成员，则应当考虑改为使用类作为类型。

微课：使用结构
体（2）

10.2　结构赋值

创建结构时，结构赋值到的变量保存该结构的实际数据。将结构变量赋给新变量时，将复制该结构。因此，新变量和原始变量是包含同一数据的两个不同的副本。对一个副本的更改不影响另一个副本。

【例 10-5】结构赋值。

```
using System;
namespace chapter10
{
    public struct RectAngle
    {
        public int X; // 左上角X坐标
        public int Y; // 左上角Y坐标
        public int Width;
        public int Height;
        public int GetArea()
        {
            return this. Width * this. Height;
        }
    }
    public class Program
    {
        public static void Main(string[] args)
        {
            RectAngle ra1，ra2;
            ra1.X = 1;
            ra1.Y = 1;
            ra1.Width = 200;
            ra1.Height= 200;
            ra2 = ra1; // 使用结构实例进行赋值，ra2成为ra1的副本
            ra2.Width = 300;
            Console.WriteLine("长方形1的面积是{0}", ra1.GetArea());
Console.WriteLine("长方形2的面积是{0}", ra2.GetArea());
        }
    }
}
```

上述程序将输出如下内容：

长方形1的面积是40000
长方形2的面积是60000

10.3 使用构造函数

微课：使用结构
体（3）

C#默认给每一个结构类型准备了一个默认构造函数。该构造函数将成员设置为其类型所对应的默认值。结构不能声明默认构造函数。结构可以声明带参数的构造函数。与类不同，结构的实例化可以不使用 new 运算符。

【例 10-6】长方形结构构造函数。

```
using System;
namespace chapter10
{
    public struct RectAngle
    {
        public int X; // 左上角X坐标
        public int Y; // 左上角Y坐标
        public int Width;
        public int Height;
        public RectAngle(int x, int y, int width, int height)
        {
            this.X = x;
            this.Y = y;
            this.Width = width;
            this.Height = height;
        }
        public int GetArea()
        {
            return this. Width * this. Height;
        }
    }
    public class Program
    {
        public static void Main(string[] args)
        {
            RectAngle ra1 = new RectAngle(1,1,100,100); //调用自定义构造函数
            Console.WriteLine("长方形1的面积是{0}", ra1.GetArea());
        }
    }
}
```

上述程序将输出如下内容：

长方形1的面积是10000

在结构体中，可以定义静态构造函数。在下列情境下，将会调用定义的静态构造函数：

（1）调用显示声明的构造函数

（2）引用结构的静态成员

【例 10-7】结构的静态构造函数。

```
namespace Chapter10
{
    public struct MyStruct
    {
        public static string msg;
        static MyStruct()
        {
            msg = "Hello";
            Console.WriteLine(MyStruct.msg);
        }
    }
    class Program
    {
        static void Main(string[] args)
        {
            MyStruct ms = new MyStruct();
        }
    }
}
```

执行上述代码，在控制台没有任何输出。原因在于没有使用定义的静态成员 Msg。下面改写该程序如例 10-8 所示。

【例 10-8】结构的静态构造函数。

```
namespace Chapter10
{
    public struct MyStruct
    {
        public static string msg;
        static MyStruct()
        {
            msg = "Hello";
            Console.WriteLine(MyStruct.msg);
        }
    }
    class Program
    {
        static void Main(string[] args)
        {
            MyStruct ms = new MyStruct();
            Console.WriteLine("{0}", MyStruct.msg);
        }
    }
}
```

执行上述程序，在命令行输出如下内容：

```
Hello
Hello
```

值得注意的是，在结构静态构造函数定义中，不允许出现访问修饰符，所以上述的静态 static 前没有任何访问修饰符。

10.4 定义说明

在结构体的定义中，还有几点需要说明：

（1）不能在结构中声明析构函数；

（2）结构是密封的，所以不能使用 protected、abstract 和 virtual 关键字；

（3）当结构作为返回值时，将创建其副本并从函数返回；

（4）当结构作为值参数是，将创建实参的副本；

（5）当结构作为 ref 或 out 参数，可以修改实参的成员数据；

（6）不能够使用字段初始化，如例 10-9 所示。

【例 10-9】结构成员赋初值。

```
public struct MyStruct
{
    int x = 0; // 这是不允许的，结构中不能有实例字段的初值
}
```

10.5 课后习题

一、选择题

（1）C#表示结构的关键字是（   ）。

    A. class   B. struct

    C. struct   D. structure

（2）关于 struct 描述正确的是（   ）。

    A. struct 不可以实现 interface

    B. struct 可以包括无参数的默认构造函数

    C. struct 可以继承 class

    D. struct 可以包括静态构造函数

（3）C#中结构成员修饰符可以包括（   ）。

    A. public   B. protected   C. virtual   D. abstract

二、编程题

使用结构方式，定义圆形结构，并通过实现下面的接口来计算其面积。

```
public interface Shape
{
    double GetArea();
}
```

PART 11

第11章

使用枚举

➡ 教学提示

本章主要介绍枚举。枚举是编写程序时经常使用的一种类型。C#中枚举常被用于定义指定常量集合组成的数据类型。枚举默认各项值为静态，对应整数常量。枚举可以通过非常简单的方式实现位标志的声明和使用。

➡ 教学目标

- 认识枚举类型
- 掌握枚举的使用方法
- 认识枚举的位标志

11.1 认识枚举

11.1.1 定义枚举类型

枚举是一种值类型。枚举的成员本身是整数（int）常量。下面是一个简单的 C#枚举的声明定义。

```
[修饰符]  enum 枚举类型标识符
{
    // 枚举的成员
}
```

【例 11-1】颜色枚举定义。

```
using System;
namespace Chapter11
{
    enum MyColor
    {
        Red,
        Blue,
        Black
    }
}
```

enum 关键字代表枚举，后面紧跟定义的枚举类型名。如例 11-1 中定义的 MyColor 是自定义的枚举类型名。Red、Blue 和 Black 是枚举的成员，默认被赋值一个整数常量，如 Red 被赋值为 0，Blue 赋值为 1，Black 赋值为 2。依次类推，后面如果还有其他成员，将自动增 1。

枚举一般使用将枚举值赋给枚举变量的方式，也可以从另一个枚举复制值。

【例 11-2】枚举赋值。

```
namespace Chapter11
{
    enum MyColor
    {
        Red,
        Blue,
        Black
    }
    class Program
    {
        static void Main(string[] args)
        {
            MyColor mc1 = MyColor.Red;// 枚举值赋给枚举变量
            MyColor mc2 = MyColor.Blue;
            MyColor mc3 = mc2;// 从另一个枚举复制值
            Console.WriteLine("{0}",mc1);
```

```
                Console.WriteLine("{0}",(int)mc2);
                Console.WriteLine("{0},{1}", mc3 ,(int)mc3);
            }
        }
}
```

上面程序将会打印输出如下所示内容：

```
Red
1
Blue,1
```

11.1.2　成员编号

成员编号，指枚举中成员对应的整数值。编译器默认给每个枚举成员赋值一个整数变量，设置首项为 0，后面采用自动增 1 的方式，为各成员赋值。

如果需要修改底层默认对应的成员类型，可以采用如例 11-3 的声明定义方式。

【例 11-3】枚举成员类型定义。

```
using System;
namespace Chapter11
{
    enum MyColor : uint //底层成员类型为无符号整数
    {
        Red,
        Blue,
        Black
    }
}
```

也可以通过代码指定各项对应编号，如例 11-4 所示。

【例 11-4】枚举成员值定义。

```
using System;
namespace Chapter11
{
    enum MyColor
    {
        Red = 1,   // 指定该项值为1
        Blue = 4,   // 指定该项值为4
        Black = 11 // 指定该项值为11
    }
    class Program
    {
        static void Main(string[] args)
        {
            MyColor mc1 = MyColor.Red;// 枚举值赋给枚举变量
            MyColor mc2 = MyColor.Blue;
            MyColor mc3 = mc2;// 从另一个枚举复制值
```

```
            Console.WriteLine("{0}",mc1);
            Console.WriteLine("{0}",(int)mc2);
            Console.WriteLine("{0},{1}", mc3 ,(int)mc3);
        }
    }
}
```

采用例 11-4 程序打印输出上面的枚举，则会输出如下内容。

```
Red
4
Blue,4
```

需要注意的是，在为成员指定编码时，其值可以为相同的值，也可以用其他成员赋值。其过程如例 11-5 所示。

【例 11-5】用其他成员赋值。

```
using System;
namespace Chapter11
{
    enum MyColor
    {
        Red = 1,   // 指定该项值为1
        Blue = 4,   // 指定该项值为4
        Black = Blue   // 指定该项值为Blue的值
    }
    class Program
    {
        static void Main(string[] args)
        {
            MyColor mc1 = MyColor.Red;// 枚举值赋给枚举变量
            MyColor mc2 = MyColor.Blue;
            MyColor mc3 = mc2;// 从另一个枚举复制值
            Console.WriteLine("{0}",mc1);
            Console.WriteLine("{0}",(int)mc2);
            Console.WriteLine("{0},{1}", mc3 ,(int)mc3);
        }
    }
}
```

采用例 11-5 程序打印输出上面的枚举，则会输出如下内容。

```
Red
4
Blue,4
```

从输出内容看出，当存在相同值的枚举项时，位置在后面的枚举项输出时将覆盖前面的枚举项。

枚举赋值的规律如图 11-1 所示。

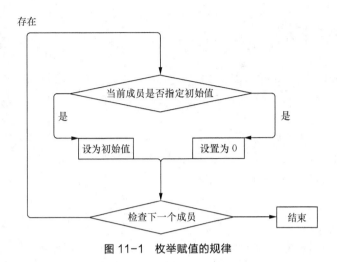

图 11-1　枚举赋值的规律

11.2　枚举与静态成员使用比较

枚举常常与静态成员相比较，原因在于枚举的成员本是整数常量，与静态整数常量存在相似的地方，所以在某些场合下可以替换使用。例 11-6 定义了一组静态整数常量，其作用也是声明自定义颜色。

【例 11-6】声明静态整数常量。

```
using System;
namespace Chapter11
{
    class Program
    {
        public const int Red = 1;
        public const int Blue = 2;
        public const int Black = 3;
        static void Main(string[] args)
        {
            Console.WriteLine("{0}", Program. Red);
            Console.WriteLine("{0}", Program. Blue);
            Console.WriteLine("{0}", Program. Black);
        }
    }
}
```

上述程序将输出如下内容。

```
1
2
3
```

11.3 枚举位标志

枚举还可以用在位标志。位标志是指使用单个字的不同位来表示开/关标志的紧凑方式。枚举是实现位标志的简便方法。位标志的枚举声明如例 11-7 所示。

【例 11-7】位标志的枚举声明。

```
using System;
namespace Chapter11
{
    [Flags]
    enum MyColor
    {
        Empty = 0x00, //使用16进制表示整数0，对应二进制为0000 0000 0000 0000
        Red = 0x01, // 使用16进制表示整数1，对应二进制为0000 0000 0000 0001
        Blue = 0x02, // 使用16进制表示整数2，对应二进制为0000 0000 0000 0010
        Black = 0x03 // 使用16进制表示整数3，对应二进制为0000 0000 0000 0011
    }
}
```

该类型使用了 Flags 特性。其作用是通知编译器该枚举值不仅可以单独使用，也可以按位标志组合；而且 Flags 特性将重写 ToString 方法，这样在返回它们的名称时，用逗号和空格隔开。

参与标志位运算常常使用按位与（AND）和按位或（OR）操作。下面通过例 11-8 程序给予说明。

【例 11-8】按位操作。

```
namespace Chapter11
{
    [Flags]
    enum MyColor
    {
        Empty = 0x00, //使用16进制表示整数0，对应二进制为0000 0000 0000 0000
        Red = 0x01, //使用16进制表示整数1，对应二进制为0000 0000 0000 0001
        Blue = 0x02, //使用16进制表示整数2，对应二进制为0000 0000 0000 0010
        Black = 0x03 //使用16进制表示整数3，对应二进制为0000 0000 0000 0011
    }
    class Program
    {
        static void Main(string[] args)
        {
            MyColor mc1 = MyColor.Red & MyColor.Blue;
            MyColor mc2 = MyColor.Red | MyColor.Blue;
            Console.WriteLine("{0}", mc1);
            Console.WriteLine("{0}", mc1.ToString());
            Console.WriteLine("{0}", mc2);
            Console.WriteLine("{0}", mc2.ToString());
        }
```

```
    }
}
```

上述代码执行后输出如下。

```
Empty
Empty
Black
Black
```

在判断标志字是否包含特定值时，可以使用 HasFlag 方法，也可以使用传统方式，如例 11-9 所示。

【例 11-9】判断标志字是否包含特定值。

```
using System;
namespace Chapter11
{
    [Flags]
    enum MyColor
    {
        Empty = 0x00, //使用16进制表示整数0，对应二进制为0000 0000 0000 0000
        Red = 0x01, // 使用16进制表示整数1，对应二进制为0000 0000 0000 0001
        Blue = 0x02, // 使用16进制表示整数2，对应二进制为0000 0000 0000 0010
        Black = 0x03 // 使用16进制表示整数3，对应二进制为0000 0000 0000 0011
    }
    class Program
    {
        static void Main(string[] args)
        {
            MyColor mc1 = MyColor.Red | MyColor.Blue;
            MyColor mc2 = MyColor.Red | MyColor.Blue;
            bool isUsedRed1 = (mc1 & MyColor.Red) == MyColor.Red;
            bool isUsedRed2 = mc2.HasFlag(MyColor.Red);
            Console.WriteLine("{0}", isUsedRed1);
            Console.WriteLine("{0}", isUsedRed2);
        }
    }
}
```

上述代码执行后输出如下。

```
True
True
```

11.4 使用 System.Enum

所有枚举都是 System.Enum 类型的实例，可以使用它的方法来发现有关枚举实例中操作值的信息。

【例 11-10】System.Enum 操作枚举值举例。

```
using System;
namespace Chapter11
```

```
{
    enum Days { Sunday, Monday, Tuesday, Wednesday, Thursday, Friday, Saturday };
    class Program
    {
        static void Main(string[] args)
        {
            string s = Enum.GetName(typeof(Days), 4);
            Console.WriteLine(s);
            Console.WriteLine("The values of the Days Enum are:");
            foreach (int i in Enum.GetValues(typeof(Days)))
            Console.WriteLine(i);
            Console.WriteLine("The names of the Days Enum are:");
            foreach (string str in Enum.GetNames(typeof(Days)))
            Console.WriteLine(str);
        }
    }
}
```

上述代码执行后输出如下。

```
Thursday
The values of the Days Enum are:
0
1
2
3
4
5
6
The names of the Days Enum are:
Sunday
Monday
Tuesday
Wednesday
Thursday
Friday
Saturday
```

11.5   课后习题

一、选择题

（1）C#中声明枚举的关键字是（   ）。

    A. enum   B. Enumeration

    C. Iterate   D. Let

（2）关于枚举类型描述正确的是（   ）。

A. 编译器默认给每个枚举成员赋值一个整数变量

B. Flags 特性的作用是通知编译器该枚举值不仅可以单独使用，也可以按位标志组合

C. 编译器默认给每个枚举成员赋值首项为 1

D. 枚举可以进行加法运算

（3）下面程序的输出结果是（   ）。

```csharp
using System;
namespace Chapter11
{
    [Flags]
    enum MyColor
    {
        Empty = 0x03, //使用16进制表示整数3，对应二进制为0000 0000 0000 0011
        Red = 0x02, // 使用16进制表示整数2，对应二进制为0000 0000 0000 0010
        Blue = 0x01, // 使用16进制表示整数1，对应二进制为0000 0000 0000 0001
        Black = 0x00 // 使用16进制表示整数0，对应二进制为0000 0000 0000 0000
    }
    class Program
    {
        static void Main(string[] args)
        {
            MyColor mc1 = MyColor.Red | MyColor.Blue;
            MyColor mc2 = MyColor.Red | MyColor.Blue;
            bool isUsedRed1 = (mc1 & MyColor.Red) == MyColor.Red;
            bool isUsedRed2 = mc2.HasFlag(MyColor.Red);
            Console.WriteLine("{0}, {1}", isUsedRed1，isUsedRed2);
        }
    }
}
```

A. true, true 　　 B. true, false 　　 C. false, true 　　 D. false, false

二、编程题

补充完整下面的程序，能够让程序循环输出月份信息字符串。

```csharp
using System;
namespace Chapter11
{
    enum Months : byte { Jan, Feb, Mar, Apr, May, Jun, July, Aug, Sep, Oct, Nov, Dec };
    class Program
    {
        static void Main(string[] args)
        {
            foreach (string str in _____(typeof( Months )))
                Console.WriteLine(str);
        }
    }
}
```

第12章

使用数组

➡ 教学提示

本章将围绕数组讲授其定义及用法。数组，即具有相同类型的元素按有序排列的集合。C#中数组包括一维数组、多维数组以及交错数组。

➡ 教学目标

■ 认识数组
■ 认识多维数组及交错数组
■ 认识掌握数组的使用

12.1　什么是数组

　　数组，就是相同数据类型的元素按一定顺序排列的集合，就是把有限个类型相同的变量用一个名字命名，然后用编号区分它们的变量的集合，这个名字称为数组名，编号称为下标。组成数组的各个元素称为数组的分量，有时也称为下标变量。

　　数组是一个对象，每个数组对象都有一个唯一标识，称为"引用"。

　　使用 C#数组的步骤如下。

　　（1）声明数组型变量，为该引用变量分配内存空间。

　　（2）初始化数组对象，为数组元素分配内存空间，需要指定数组长度，创建的数组元素总是被初始化为它们的默认值。

　　（3）数组型变量指向数组对象。

　　（4）使用数组元素。

12.2　使用多种数组

12.2.1　使用一维数组

1．一维数组的声明

数组类型[]　变量名;

　　例如：

int[] myArray;

　　系统为变量 myArray 分配内存空间，且未与任何数组对象有关联，myArray 存放的是数组的引用。

2．一维数组的初始化

　　对数组的初始化有两种方式，一种是以字面量来指定数组的完整内容，另一种方式则需要使用 new 关键字初始化所有数组元素。

　　使用字面量指定数组的方式，只需提供一个用逗号分隔的元素值列表，该列表需放在花括号中，例如：

int[] myArray={1,3,5,7,9,32,14};

　　其中，该数组有 7 个元素，每个元素被赋予了一个整数值，该整数值无须按照某种规律进行排列。

　　new 关键字的初始化方式是通过指定数组长度来定义的，例如：

int[] myArray=new int[7];

　　其中常量值 7 代表数组中含有 7 个元素，这种形式的初始化会为所有元素赋予同一个默认值 0。若想为数组元素赋予不同的初始值，可以利用如下形式对数组进行初始化：

int[] myArray=new int[7] {1,3,5,7,9,32,14};

　　若使用此种方式初始化，数组大小必须与元素个数相匹配，以下形式是错误的：

int[] myArray=new int[12] {1,3,5,7,9,32,14};　　　　(X)
int[] myArray=new int[2] {1,3,5,7,9,32,14};　　　　(X)

可创建动态数组，即数组长度可为变量，但不允许对元素进行赋值。例如：

```
int myInteger =5;
int myArray=new int[myInteger];
```

若要对上述数组元素赋值，需将表示数组长度的变量设置为 const 类型，即常量，例如：

```
const int myInteger =5;
int myArray=new int[myInteger]{2,54,23,1,54};
```

3. 访问一维数组元素

利用下标，访问数组中的元素。例 12-1 打印一维数组中的元素。

【例 12-1】打印一维数组。

```
using System;
namespace Chapter12
{
    public class Abs
    {
        public static void Main()
        {
            int[] myArray=new int[3]{1,2,3};
            for (int  i = 0;  i < myArray.Length;  i++)
            {
                Console.Write("{0}  ",  myArray[i]);
            }
        }
    }
}
```

此函数的功能是将 myArray 数组中的每个元素进行打印输出，for 语句中的 myArray.Length 项确定数组长度，其中 Length 为数组的属性。

输出结果为：

```
1          2          3
```

上述例子中对数组的遍历还可通过 foreach 语句完成。例如：

```
foreach(int element in myArray)
{
        Console.Write("{0}  ",  element);
}
```

上述循环是通过 foreach 语句完成的，这个循环会迭代每个元素，依次将每个元素放在变量 i 中，此处无须考虑数组中一共含多少元素，且可确保遍历数组中的每一个元素。需要注意的一点是，foreach 循环对数组内容进行的是只读访问，不能改变数组中元素的值。如下代码是错误的。

【例 12-2】foreach 赋值错误。

```
using System;
namespace Chapter12
{
    public class Abs
    {
```

```
       public static void Main()
       {
            int[] myArray=new int[3]{1,2,3};
            foreach(int  i  in  myArray)
            {
                 i=1;                    //不可在foreach语句内对数组的元素赋值
            }
       }
   }
}
```

所以如需对数组元素的值进行改写，则需通过其他循环语句（如 for 语句）完成。

微课：使用数组
（2）

12.2.2　使用多维数组

1. 多维数组的声明

数组都有一个"秩"（rank），由它确定每个数组元素的下标个数。数组的秩又称为数组的维度。

"秩"为 1 的数组称为一维数组，"秩"大于 1 的数组称为多维数组。

多维数组的每个维度都有一个关联的长度，它是一个大于或等于零的整数，维度的长度确定了该维度下标的有效范围。对于长度为 N 的维度，下标范围可以为 $[0，N-1]$。

多维数组中的元素总数是数组中各维度长度的乘积，如果数组的一个或多个维度的长度为零，则该数组为空。

多维数组类型的秩由数组类型声明中的[]给定。[]指定该数组的秩等于[]中的","的个数加 1。

```
int[]                       //rank为1，为一维数组
int[ , ]                    //rank为2，为二维数组
int[ , , ]                  //rank为3，为三维数组
```

2. 多维数组的初始化

多维数组的初始化与一维数组类似，可通过字面形式来指定数组的完整内容，以及使用 new 关键字初始化所有数组元素两种方式完成。多维数组初始化规则也与一维数组一样，数组大小必须与元素个数相匹配。

例如，二维数组通过字面形式来指定数组的完整内容，形式如下：

```
int[,] myArray={{1,2,3},{2,3,4}};
```

二维数组使用 new 关键字初始化所有数组元素，形式如下：

```
int[,] myArray=new int[2,3] {{1,2,3},{2,3,4}};
```

若未对数组内容进行指定的话，会默认将所有数组元素赋值为 0。

同样地，使用 myArray.Length 也可表示多维数组的元素总个数，但无法得知多维数组的每一维长度，所以我们需要通过数组的其他属性来确定：

```
myArray.GetLength(0)        //确定数组第1维长度
myArray.GetLength(1)        //确定数组第2维长度
……
myArray.GetLength(n-1)      //确定数组第n维长度
myArray.Rank                //确定数组的秩
```

```
myArray.GetUpperBound(0)              //第1维最大下标值
……
myArray.GetUpperBound(n-1)            //第n维最大下标值
```

3. 访问多维数组元素

利用多重下标方式来访问多维数组，如例 12-3，访问并打印二维数组。

【例 12-3】对数组元素进行打印。

```csharp
using System;
namespace Chapter12
{
    public class Abs
    {
        public static void Main()
        {
            int[,] myArray=new int[2,3]{{1,2,3},{2,3,4}};
            for (int  i = 0;  i < myArray.GetLength(0);  i++)
            {
                for (int  j = 0;  j < myArray.GetLength(1);  j++)
                {
                        Console.Write("{0}  ",  myArray[i, j]);
                }
            }
        }
    }
}
```

上述程序输出结果：

```
1  2   3   2   3   4
```

可以使用 foreach 语句代替 for 语句实现对上述数组的访问和打印。

```csharp
int[,] myArray=new int[2,3]{{1,2,3},{2,3,4}};
foreach (int  element  in  myArray)
{
 Console.Write("{0}  ",  element);
 }
```

很明显，使用 foreach 语句遍历多维数组与遍历维数组的方式是一样的。

微课：使用数组
（3）

12.2.3 使用交错数组

1. 交错数组的声明与初始化

交错数组的每个元素都是另一个数组，但最后一层除外。声明交错数组，要在普通数组的声明中指定多个括号对，并且每个括号对中都可以是多维的，格式如下：

```
类型[]…[]  变量名;
```

对于交错数组的初始化，需要从第一维开始，逐维创建，例如：

```csharp
int[][]   myCrossArray = new   int[3][ ]; // myCrossArray的类型为 int[][],
myCrossArray [0] = new   int[2];   // myCrossArray [0]的类型为 int[]
```

```
myCrossArray [1] = new   int[3];   // myCrossArray [1]的类型为 int[]
myCrossArray [2] = new   int[4];   // myCrossArray [2]的类型为 int[]
```

或者可通过如下方式对交错数组进行初始化。

```
int[][]   myCrossArray = new   int[3][ ]{ new   int[ ]{1, 2}, new   int[ ]{3, 4, 5},
                                     new   int[ ]{6, 7, 8, 9}};
```

其中，可不加{}以及{}中的内容，则 int[3][ ]处第一个[]中的 3 不可省略；若{}中定义了内容，则
new int[3][ ]处第一个[]中的 3 可以省略不写，并且第二个[]在任何情况下都不应填写内容。

对上述的初始化手段还可进行简化，例如：

```
int[][]   myCrossArray = { new   int[ ]{1, 2}, new   int[ ]{3, 4, 5}, new   int[ ]{6, 7, 8, 9}};
```

对于多维数组的长度确定，与一般的多维数组不同，例如：

```
int[][]   myCrossArray = new   int[2][ ];
myCrossArray [0] = new   int[3];
myCrossArray [1] = new   int[5];
```

总行数：myCrossArray.Length 为 2；

第 1 行长度：myCrossArray [0].Length 为 3；

第 2 行长度：myCrossArray [1].Length 为 5。

2．访问交错数组元素

【例 12-4】对交错数组的元素进行打印。

```
using System;
namespace Chapter12
{
    public class Abs
    {
        public static void Main()
        {
            int[][] myCrossArray = new int[3][]{ new   int[ ]{1, 2},
                new   int[ ]{3, 4, 5},new   int[ ]{6, 7, 8, 9}};
            for (int i = 0; i <  myCrossArray.Length; i++)
            {
                for (int j = 0; j <  myCrossArray[i].Length; j++)
                {
                    Console.Write("{0}   ",  myCrossArray[i][j]);
                }
            }
        }
    }
}
```

上述代码输出结果：

```
1   2   3   4   5   6   7   8   9
```

同样可以通过使用 foreach 完成访问交错数组元素的功能。例如：

```
int[][]   myCrossArray = new   int[3][ ]{ new   int[ ]{1, 2}, new   int[ ]{3, 4, 5},
                                     new   int[ ]{6, 7, 8, 9}};
```

```
foreach (int[ ]  myArray  in  myCrossArray)
{
    foreach (int  array  in  myArray)
    {
        Console.Write("{0}  ",  array);
    }
}
```

12.3 课后习题

一、选择题

（1）下面哪一种数组声明形式是正确的（   ）。

    A. int[] myArray=new int[5] {1,3, 14};

    B. int[] myArray=new int[2] {1,3, 14};

    C. int[3] myArray=new int[] {1,3, 14};

    D. int[] myArray=new int[3] {1,3, 14};

（2）此数组 int[ ][, ,][,][]是几维数组（   ）。

    A. 1 维　　　　　　B. 2 维　　　　　C. 3 维　　　　　D. 4 维

（3）下边哪条语句可以表示 int[,] myArray={{1,2,3},{2,3,4}};的列数（   ）。

    A. myArray.Length;　　　　　　　B. myArray.Length(0);

    C. myArray.Length(1);　　　　　　D. myArray [1].Length

（4）下列对于 foreach 语句的说法错误的是（   ）。

    A. foreach 语句可对数组中的元素进行遍历

    B. 使用 foreach 语句遍历多维数组元素时，无须知道其各维的长度

    C. 可使用 foreach 对数组中的元素进行改写

    D. foreach 语句有时可以替代 for 语句实现的功能

（5）下列哪个选项能正确地创建数组（   ）。

    A. int[,] array = int[4,5];　　　　　　B. int size=int.Parse(Console.ReadLine());
                                    int[] pins=new int[size];

    C. string[] str=new string[];　　　　　D. int pins[] = new int[2];

（6）假定一个 10 行 20 列的二维整型数组，下列哪个定义语句是正确的（   ）。

    A. int[] arr = new int[10,20];　　　　　B. int[] arr = int new[10,20];

    C. int[,] arr = new int[10,20];　　　　　D. int[,] arr = new int[20;10];

二、编程题

（1）要在控制台输出 1 到 10 的数字，请在＿＿＿＿＿＿处填写正确的代码。

```
class Test
{   static void Main(string[] args)
    {   int[] b = new int[10];
        for(int i=1;i<=10;i++)
        _____
```

```
        foreach(int C in b)
            System.Console.writeLine(C);
    }
}
```

（2）下述代码的运算结果是_____。

```
class Test
{
    tatic void Main(string[] args)
    int[]age=new int[]{16,18,20,14,22};
    foreach(int i in age)
    {
        if(i > 18)   continue;
        Console.Write(i + ",");
    }
}
```

（3）请在_____处填写程序，完成对交错数组的遍历。

```
int[][]   myCrossArray = new   int[3][ ]{ new   int[ ]{1, 2}, new   int[ ]{3, 4, 5},
                                          new   int[ ]{6, 7, 8, 9}};
foreach (int[ ]   myArray   in   myCrossArray)
{
        _____
}
```

第13章

使用委托

➜ **教学提示**

为了系统的安全与稳定,.NET Framework 的 CLR 库不允许程序通过指针来直接操作内存中的方法,而是通过托管机制来访问内存中的方法。委托就是 C#提供的一种以托管机制完成上述功能的特殊数据类型。

➜ **教学目标**

■ 明确委托的定义
■ 掌握委托的使用方法
■ 了解匿名方法
■ 了解 Lambda 表达式

13.1　什么是委托

委托是能够存储方法引用的一种类型。委托的声明非常类似于方法，但其不带方法体，而且要使用 delegate 关键字。并指定了一个返回类型和一个参数列表。

在定义了委托后，就可以声明该委托的变量。接着把这个变量初始化为与委托有相同返回类型和参数列表的方法引用。之后，就可以使用委托变量调用这个方法，就像该变量是一个方法一样。

有了引用方法的变量后，还可以执行不能用其他方式完成的操作。例如，可以把委托变量作为参数传递给一个方法，该函数就可以使用委托调用它引用的任何方法，而且在运行之前无须知道调用的是哪个方法。

可以从下列两点去理解委托的概念。

（1）和类一样。委托是一种用户自定义类型。

（2）委托提供了方法的抽象。

13.2　使用委托

13.2.1　声明委托

在 C#中使用关键字 delegate 声明委托。声明委托的一般形式是：

[修饰符] delegate 数据类型[委托名]（参数列表）

注意，委托在使用之前是一定要声明的。

13.2.2　创建委托对象

创建委托变量和创建普通变量相似，格式如下：

委托类型　委托变量；

但是为了与命名方法一起使用，委托必须用方法进行实例化。实例化的方法可用下列形式之一。

（1）引用的静态方法。

（2）引用的目标对象（此对象不能为 null）的实例方法。

下面举一个简单的例子，创建两个委托变量，并且初始化它们。

首先创建两个委托变量。

MyDel del1,del2;

然后用 new 关键字初始化两个委托变量。

```
using System;
using System.Collections.Generic;
using System.Linq;
using System.Text;

namespace Chapter13
```

```
    {
        class SClass
        {
            public void MyM1()
            { }
            public static void OtherM2()
            { }
        }
        class Program
        {
            delegate void MyDel();
            static void Main(string[] args)
            {

                MyDel del1, del2;
                SClass myInstObj = new SClass();
                del1 = new MyDel(myInstObj.MyM1);//实例方法
                del2 = new MyDel(SClass.OtherM2);//静态方法
            }
        }
    }
```

可以看到 new 运算符的操作数包括委托类型名和一组小括号，其中包含作为调用列表中第一个成员的方法的名字。

13.2.3 委托赋值

由于委托是引用类型，可以给它赋值。旧的引用会被垃圾回收器回收。

创建一个委托对象，并对它进行赋值，然后对其进行重新赋值。

```
using System;
using System.Collections.Generic;
using System.Linq;
using System.Text;

namespace Chapter13
{
    class SClass
    {
        public void MyM1()
        { }
        public static void OtherM2()
        { }
    }
    class Program
    {
        delegate void MyDel();
```

```
        static void Main(string[] args)
        {

            MyDel del;
            SClass myInstObj = new SClass();
            del = myInstObj.MyM1;//委托变量赋值
            del = SClass.OtherM2;//委托变量被赋值

        }
    }
}
```

13.3 匿名方法

微课：使用委托
（3）

匿名方法能够声明一个方法体而不需要给它指定一个名字。匿名方法只能在使用委托的时候创建，事实上，它们通过 delegate 关键字创建。

匿名方法的语法格式如下：

delegate （参数列表）{语句块}

【例 13-1】匿名方法的使用。

```
using System;
using System.Collections.Generic;
using System.Linq;
using System.Text;

namespace Chapter13
{
    class Program
    {
        delegate int MyFunc(int args);
        static void Main(string[] args)
        {
            MyFunc fun = delegate(int x) { return x * 2; };
            Console.WriteLine("{0}", fun(5));
        }
    }
}
```

13.4 Lambda 表达式

微课：使用委托
（4）

C#3.0 引入了 Lambda 表达。

Lambda 表达式主要用来简化匿名方法的语法。在匿名方法中，delegate 关键字有点多余，因为编译器已经知道我们将方法赋值给委托。通过几个简单步骤，就可以将匿名方法转换为 Lambda 表达式，具体如下。

（1）删除 delegate 关键字。

（2）在参数列表和匿名方法主体之间设定 Lambda 运算符"=>"。

Lambda 简化了开发中需要编写的代码量。下面举一个 Lambda 表达式的例子。

【例 13-2】Lambda 表达式的应用。

```
using System;
using System.Collections.Generic;
using System.Linq;
using System.Text;

namespace Chapter13
{
    class Program
    {
        delegate int calculator(int x, int y); //委托类型
        static void Main()
        {
            calculator cal = (x, y) => x + y;//Lambda表达式非常简洁
            int he = cal(1, 1);
            Console.Write(he);
        }
    }
}
```

例 13-2 中 Lambda 表达式返回的是两个参数的和。

【例 13-3】委托综合使用。

```
using System;
using System.Collections.Generic;
using System.Linq;
using System.Text;

namespace Chapter13
{
    class Program
    {
        delegate double MathAction(double num);

        class DelegateTest
        {

            static double Double(double input)
            {
                return input * 2;
            }

            static void Main()
```

```
        {
            MathAction ma = Double;


            double multByTwo = ma(4.5);
            Console.WriteLine("multByTwo: {0}", multByTwo);


            MathAction ma2 = delegate(double input)
            {
                return input * input;
            };

            double square = ma2(5);
            Console.WriteLine("square: {0}", square);


            MathAction ma3 = s => s * s * s;
            double cube = ma3(4.375);

            Console.WriteLine("cube: {0}", cube);


        }
    }
}
```

运行结果如下。

```
multByTwo: 9
square: 25
cube: 83.740234375
```

13.5 课后习题

选择题

（1）声明委托使用什么关键字（   ）。

    A．delegate   B．new

    C．fuc   D．void

（2）下列哪种方法不能初始化委托变量（   ）。

    A．对象的实例方法   B．静态方法   C．匿名表达式   D．delegate 关键字

（3）下列哪种方法需要=>运算符（   ）。

    A．静态方法   B．匿名方法

    C．Lambda 表达式   D．对象的实例方法

PART14

第14章

事件

教学提示

本章主要讲解事件定义和常用使用方法。在发生其他类或对象关注的事情时，类或对象可通过事件通知它们。发送（或引发）事件的类称为"发布者"，接收（或处理）事件的类称为"订阅者"。

教学目标

- 了解事件
- 掌握事件定义
- 掌握创建事件访问器

14.1 什么是事件

微课：事件（1）

事件是一种系统通知机制，即向客户模块通知的一种方法。应用程序需要在事件发生时响应事件。本质是事件是一种特殊的多播委托，仅可以从声明事件的类或结构（发布服务器类）中对其进行调用。事件使用必须订阅（subscribe）它们。订阅一个事件的含义是提供处理代码，在事件发生时执行这些代码，它们称为事件处理程序。

单个事件可进行多个处理程序，在该事件发生时，这些程序都会被调用。

对事件处理方法的唯一限制是它必须匹配于事件所要求的返回类型和参数。这个限制是事件定义的一部分，由一个委托指定。

事件基本处理过程如下：

（1）应用程序创建一个可以引发事件的对象。例如，假定一个即时消息传送（instant messaging）应用程序创建一个远程用户的链接。当接收到通过该链接从远程用户传送来的信息时，这个链接对象会引发一个事件，如图 14-1 所示。

（2）应用程序订阅事件。应用程序将定义一个方法，并设置为事件的处理程序。假定该方法是表示显示设备的对象的一个方法，当接收到信息时，将在显示设备上显示即时消息，如图 14-2 所示。

```
应用程序 ──创建──> 链接
```
图 14-1　引发事件

（3）触发处理事件。引发事件后，就通知订阅器。当接收到通过链接对象传来的即时消息，就调用显示设备对象上的事件处理方法，如图 14-3 所示。

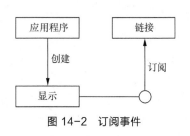

图 14-2　订阅事件

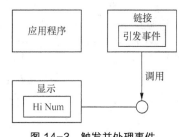

图 14-3　触发并处理事件

14.2 事件使用

14.2.1 定义事件

微课：事件（2）

事件的定义可以遵照以下步骤。

（1）声明一个委托。

（2）在类的内部利用 event 关键字声明事件。

声明一个事件的基本形式如下所示：

修饰符　event　委托类型　标识符

其中：

➤ 修饰符是指 C#语言的访问修饰符；

➢ 委托类型是在声明使用事件的第一步中创建的委托；

➢ 标识符是一个 C#语言的合法标识符，这个标识符被用来在程序中唯一确定声明的事件。

（3）对声明的委托变量赋值。

（4）进行事件的触发。

14.2.2　订阅事件

订阅事件即"订阅者"向事件添加事件处理程序。该事件处理程序必须与定义事件的委托类型签名相一致。使用"+="来添加事件处理程序。

定义订阅事件的一般步骤如下。

（1）首先定义一个事件处理程序方法，其签名与该事件的委托签名必须匹配。

（2）然后使用加法赋值运算符（+=）来为事件附加事件处理程序。

【例 14-1】事件订阅举例。

```
using System;
using System.Collections.Generic;
using System.Linq;
using System.Text;


namespace Chapter14
{
    class MyClass
    {
        public static event EventHandler MyEventHandler;
        public static int count;
        static void Main(string[] args)
        {
            MyClass.MyEventHandler += delegate { MyClass.count++; };
        }
    }
}
```

如果要避免在引发事件时调用事件处理程序，请取消订阅该事件。取消订阅举例如下：

```
MyClass .MyEventHandler -= delegate{ MyClass .count ++}
```

14.2.3　触发事件

下面利用一个例子实现一个触发事件。

【例 14-2】变量监控举例。

```
using System;
using System.Collections.Generic;
using System.Linq;
using System.Text;


namespace Chapter14
{
```

```
class Program
{
    private int myValue = 0;
    public int MyValue
    {
        get { return myValue; }
        set
        {
            //如果赋的值与原值不同
            if (value != myValue)
            {
                //就触发该事件!
                WhenMyValueChange();
            }
            //然后赋值!
            myValue = value;
        }
    }
    //触发事件
    private void WhenMyValueChange()
    {
        //do some useful
    }
    static void Main(string[] args)
    {
    }
}
```

会发现原来变量还没有变，就会导致意想不到的错误。所以不能直接在 WhenMyValueChange()
写动作，而是应该利用它来触发另一个方法，而这个方法会独立进行，不会影响到 MyValue 的赋值。

再定义一个方法如下。

```
//变量改变后触发
private void afterMyValueChanged()
{
    //do something
}
```

下面给出 WhenMyValueChange()去触发 afterMyValueChanged()，并且让 afterMyValue
Changed()独立进行的实现代码。

```
//定义一个委托
public delegate void MyValueChanged(object sender, EventArgs e);
//与委托相关联的事件
public event MyValueChanged OnMyValueChanged;
//将afterMyValueChanged的委托绑定到事件上
OnMyValueChanged += new MyValueChanged(afterMyValueChanged);
```

```
//在刚才的WhenMyValueChange中，触发该事件
private void WhenMyValueChange()
{
    if (OnMyValueChanged != null)
    {
        OnMyValueChanged(this, null);
    }
}
```

14.3 创建事件访问器

事件是特殊类型的多路广播委托，只能从声明它的类中调用。客户端代码通过提供对应在引发事件时调用的方法的引用来订阅事件。这些方法通过事件访问器添加到委托的调用列表中，事件访问器类似于属性访问器，不同之处在于事件访问器被命名为 add 和 remove。在大多数情况下都不需要提供自定义的事件访问器。如果在代码中没有提供自定义的事件访问器，编译器会自动添加事件访问器。但在某些情况下，可能需要提供自定义行为。

例 14-3 演示如何实现自定义的 add 和 remove 事件访问器。

【例 14-3】事件访问器举例。

```
using System;
using System.Collections.Generic;
using System.Linq;
using System.Text;


namespace Chapter14
{
    //声明一个delegate
    delegate void EventHandler();

    class MyClass
    {
        //声明一个成员变量来保存事件句柄（事件被激发时被调用的delegate）
        private EventHandler m_Handler = null;

        //激发事件
        public void FireAEvent()
        {
            if (m_Handler != null)
            {
                m_Handler();
            }
        }

        //声明事件
```

```
public event EventHandler AEvent
{
    //添加访问器
    add
    {
        //注意,访问器中实际包含了一个名为value的隐含参数
        //该参数的值即为客户程序调用+=时传递过来的delegate
        Console.WriteLine("AEvent add被调用,value的HashCode为:" + value.GetHashCode());
        if (value != null)
        {
            //设置m_Handler域保存新的handler
            m_Handler = value;
        }
    }

    //删除访问器
    remove
    {
        Console.WriteLine("AEvent remove被调用,value的HashCode为:" + value.GetHashCode());
        if (value == m_Handler)
        {
            //设置m_Handler为null,该事件将不再被激发
            m_Handler = null;
        }
    }

}

}

class Program
{
    static void Main(string[] args)
    {
        MyClass obj = new MyClass();
        //创建委托
        EventHandler MyHandler = new EventHandler(MyEventHandler);
        MyHandler += MyEventHandle2;
        //将委托注册到事件
        obj.AEvent += MyHandler;
        //激发事件
        obj.FireAEvent();
        //将委托从事件中撤销
        obj.AEvent -= MyHandler;
        //再次激发事件
```

```
        obj.FireAEvent();


        Console.ReadKey();
    }

    //事件处理程序
    static void MyEventHandler()
    {
        Console.WriteLine("This is a Event!");
    }

    //事件处理程序
    static void MyEventHandle2()
    {
        Console.WriteLine("This is a Event2!");
    }
  }
}
```

14.4　课后习题

选择题

（1）事件是基于哪种 OOP 技术的（　　）。

    A．委托　　　　　　　B．异常处理　　　　C．继承　　　　　　D．多态

（2）使用事件不包括（　　）。

    A．定义事件　　　　　B．订阅事件　　　　C．触发事件　　　　D．销毁事件

（3）事件访问器被命名为（　　）。

    A．get 和 set　　　　　　　　　　　　B．add 和 remove

    C．namespace　　　　　　　　　　　　D．void

第15章

类型转换

➡ 教学提示

本章主要介绍数据间类型转换。在编程过程中，不可避免地要进行各种混合运算，如整型和浮点型之间的运算，或者是将一种类型转换为另一种类型等。C#中类型的转换可以分为两种形式：隐式转换和显式转换。通过编程可实现类间自定义的转换。

➡ 教学目标

■ 了解显式转换和隐式转换
■ 掌握自定义转换
■ 掌握特殊运算符

15.1 显式转换和隐式转换

微课：类型转换
（1）

当操作数的类型不同时，经常需要将操作数转化为所需要的类型，这个过程即为类型转换。掌握类型转换可以更好地理解表达式中混合使用的类型，更好地控制处理数据的方式。

类型转换分为隐式类型转换和显式类型转换。

隐式转换无需另外编写代码，可参考如下形式。

```
var1 = var2;
```

若 var2 满足隐式转换为 var1 的条件，那么执行完上述语句后，可直接将 var2 转换为 var1，并且完成的是隐式转换。

对于显式转换，又名强制转换，顾名思义，就是明确地要求编译器把目标变量从一种数据类型转换为另一种数据类型，基本格式如下。

```
(destinationType)sourceVar
```

其中 destinationType 为目标类型，需写在()内，sourceVar 为待转换的变量。

15.1.1 数值转换

隐式转换一般满足范围大到范围小、精度低到精度高的规律，表 15-1 列出了编译器可以隐式执行的数值转换。

表 15-1 隐式转换列表

类型	可隐式转换为
byte	short, ushort, int, uint, long, ulong, float, double, decimal
sbyte	short, int, long, float, double, decimal
short	int, long, float, double, decimal
ushort	int, uint, long, ulong, float, double, decimal
int	long, float, double, decimal
uint	long, ulong, float, double, decimal
long	float, double, decimal
ulong	float, double, decimal
float	double
char	ushort, int, uint, long, ulong, float, double, decimal

例如定义一个 double 类型的变量 variable1，想要将其转换为 int 型是无法通过隐式转换实现的，可经过(int) variable1 步骤将变量显式转换为 int 型。

还可通过使用 Convert 命令进行强制转换，如表 15-2 所示。

表 15-2 Convert 强制转换命令表

命令	结果
Convert.ToBoolean(val)	val 转换为 bool
Convert.ToByte(val)	val 转换为 byte
Convert.ToChar(val)	val 转换为 char

续表

命令	结果
Convert.ToDecimal(val)	val 转换为 decimal
Convert.ToDouble(val)	val 转换为 double
Convert.ToInt16(val)	val 转换为 short
Convert.ToInt32(val)	val 转换为 int
Convert.ToInt64(val)	val 转换为 long
Convert.ToSByte(val)	val 转换为 sbyte
Convert.ToSingle(val)	val 转换为 float
Convert.ToString(val)	val 转换为 string
Convert.ToUInt16(val)	val 转换为 ushort
Convert.ToUInt32(val)	val 转换为 uint
Convert.ToUInt64(val)	val 转换为 ulong

针对大多数变量类型，通过 Convert 命令可很方便地完成转换，但转换的名称与 C#类型名称略有不同，例如，转换为 int 型，应使用 Convert.ToInt32(val)。这是因为这些命令来自于.NET Framework 的 System 命名空间，这样便可在除 C#以外的其他.NET 兼容语言中使用。

15.1.2 引用转换

除了数值间的转换外，引用类型之间也可以转换，常见于子类与父类之间的相互转换。

【例 15-1】隐式转换。

```
using System;

namespace    Chapter15
{
public class Animal
{
        public int _age;
        public Animal(int age)
        {
                this._age = age;
        }
}
public class Dog : Animal
{
        public float _weight;
        public Dog(float weight, int age) : base(age)
        {
                _weight = weight;
        }
}
```

```
//客户端，将子类转换为父类
static void Main(string[] args)
{
        Dog dog = new Dog(2.5f,12);
        Animal animal = dog;
        Console.WriteLine(animal._age);
}
}
```

运行结果如下：

```
12
```

上述例子完成了子类到父类的隐式转换，这种转换在栈上完成，栈上先有代表子类的变量 dog，然后有代表父类的变量 animal，最后把 dog 保存的堆地址赋值给了 animal。

若要将父类转换为子类，则必须通过强制转换。仍然使用上述例子，将程序进行修改如下。

微课：类型转换
（2）

【例 15-2】显式转换。

```
using System;

namespace   Chapter15
{
public class Animal
{
        public int _age;
        public Animal(int age)
        {
                this._age = age;
        }
}
public class Dog : Animal
{
        public float _weight;
        public Dog(float weight, int age) : base(age)
        {
                _weight = weight;
        }
}
//客户端，将子类转换为父类
class Test
{
        static void Main(string[] args)
        {
                Animal animal= new Dog(2.5f,12);
                Dog dog=(Dog)animal;
                Console.WriteLine("{0}",dog._weight);
        }
    }
}
```

运行结果如下：

2.5

当强制转化父类对象为子类时，将产生错误。

【例 15-3】错误转换。

```
using System;


namespace   Chapter15
{
public class Animal
{
        public int _age;
        public Animal(int age)
        {
                this._age = age;
        }
}
public class Dog : Animal
{
        public float _weight;
        public Dog(float weight, int age) : base(age)
        {
                _weight = weight;
        }
}
//客户端，将子类转换为父类
class Test
{
        static void Main(string[] args)
        {
                Animal animal= new Animal(12);
                Dog dog=(Dog)animal;
                Console.WriteLine("{0}",dog._weight);
        }
}
}
```

运行结果：

未经处理的异常：System.InvalidCastException:无法将类型为 " Chapter15.Animal" 的对象强制转换为类型 " Chapter15.Dog"。

15.1.3 装箱与拆箱

.NET 框架下，内存分配被分成了两种方式，一种是栈，另一种是堆，即托管堆。值类型只会在栈中分配。引用类型分配内存于托管堆。

装箱与拆箱是一个抽象的概念。所谓装箱，用于在堆中存储值类型，是值类型到 object 类型，或到此值类型所实现的任何接口类型的隐式转换；而拆箱，是从 object 类型到值类型，或从接口类型到实现该接口的值类型的显式转换。

【例 15-4】装箱拆箱。

```
using System;

namespace   Chapter15
{
    class Test
    {
        static void Main(string[] args)
        {
            int val = 100;
            object obj = val;
            Console.WriteLine ("对象的值  = {0}", obj);
        }
    }
}
```

运行结果：

对象的值=100

这是一个装箱的过程，是将值类型转换为引用类型的过程。

```
using System;

namespace   Chapter15
{
    class Test
    {
        static void Main(string[] args)
        {
            int val = 100;
            object obj = val;
            int num = (int) obj;
            Console.WriteLine ("num: {0}", num);
        }
    }
}
```

运行结果：

num：100

这是一个拆箱的过程，是将值类型转换为引用类型的过程。被装过箱的对象才能被拆箱。

上述装箱、拆箱过程的内部操作如下。

（1）装箱：对值类型在堆中分配一个对象实例。

步骤如下：

第一步，新分配托管堆内存（大小为值类型实例大小加上一个方法表指针和一个 SyncBlockIndex）。

第二步，将值类型的实例字段拷贝到新分配的内存中。

第三步，返回托管堆中新分配对象的地址。这个地址就是一个指向对象的引用了。

（2）拆箱首先检查对象实例，确保它是给定值类型的一个装箱值。然后将该值从实例复制到值类型变量中。

拆箱只是获取引用对象中指向值类型部分的指针，而内容拷贝则是触发赋值语句操作。

15.2　自定义转换

对于转换，C#默认是不能完成的，所以就需要用户提前定义好这些类之间的转换方式，同样地，用户自定义类型转换也分为显式和隐式，通过方法中使用的 implicit（隐式转换）或 explicit（显式转换）来区分，形式如下：

```
public  static  implicit（explicit）  operator目标类型（源类型  value）
{
    ……//操作
}
```

其中，此方法必须声明为 public 和 static，并且还需在源类型或目标类型定义的内部定义。当使用 implicit 关键字定义后，使用时既可使用隐式转换又可使用显式转换，而当使用 explicit 关键字定义后，使用时只能是强制转换。此方法的参数只能有一个，且必须是源类型，目标类型为返回值类型；源类型和目标类型不能存在继承关系，即不能相互转换（显式和隐式）。

【例 15-5】自定义隐式转换。

定义了一个复数类 Complex，包括私有字段实部 real、虚部 imag，含两个参数的构造函数，以及通过运算符重载的方式定义了其+、−、*三种运算。同时，通过添加对整型到复数类型的自定义转换，完成整型与复数类型的运算。

```
using System;

namespace   Chapter15
{
class Complex
{
    private int real;
    private int imag;
    public Complex(int real, int imag)
    {
        this.real = real;
        this.imag = imag;
    }
    public static Complex operator +(Complex c1, Complex c2)// 重载+
    {
        return new Complex(c1.real + c2.real, c1.imag + c2.imag);
    }
    public static Complex operator –(Complex c1, Complex c2)// 重载–
```

```
        {
                return new Complex(c1.real – c2.real, c1.imag – c2.imag);
        }
        public static Complex operator *(Complex c1, Complex c2)// 重载*
        {
                return new Complex(c1.real * c2.real – c1.imag * c2.imag,
                                   c1.real * c2.imag + c1.imag * c2.real);
        }
    public override string ToString()//完成对ToString函数的重载
      {
                string output = real.ToString();
                if (imag >= 0)
                {
                    output += " + " + imag + "i";
                }
                else
                {
                    output += " – " + (–imag) + "i";
                }
                return output;
      }
//自定义类型转换，将整型转换为复数型
public    static    implicit    operator Complex (int array)
{
                return   new   Complex(array, 0);
}
    class Test
    {
}
        static void Main(string[] args)
    {
                Complex c1 = new Complex(1, 2);
                Complex c2 = c1 + 2;
                Console.WriteLine(c2);
        }
    }
    }
```

运行结果：

3+2i

15.3   特殊运算符

微课：类型转换
（4）

15.3.1   is 运算符

is 运算符用于检测一个对象是否与特定类型兼容，其表达式如下：

结果

$$对象 \quad is \quad 类型 \begin{cases} true（兼容）\\ \\ false（不兼容）\end{cases}$$

所谓"兼容"，即该对象可以被显式转换为该类型。

举例如下，其中 Student 是自定义的一个学生类。

```
Object   obj = new   Student();
Student   stu;
if ( obj   is   Student ) {stu = ( Student ) obj;}
```

上述例子中 if 的条件返回结果是 true，可以执行其后的语句 stu =（Student）obj;。

15.3.2　as 运算符

as 运算符用于执行引用类型的显式转换，其表达式如下：

结果

$$对象 \quad as \quad 类型 \begin{cases} （类型）对象（兼容）\\ \\ null（不兼容）\end{cases}$$

若要转换的对象与指定类型兼容，则转换成功；若类型不兼容，则转换失败，返回 null。

【例 15-6】as 运算符。

```
using System;
namespace   Chapter15
{
class Class1
{
}

class Class2
{
}

class MainClass
{
  static void Main()
  {
    object[] objArray = new object[6];
    objArray[0] = new Class1();
    objArray[1] = new Class2();
    objArray[2] = "hello";
    objArray[3] = 123;
    objArray[4] = 123.4;
    objArray[5] = null;
```

```
    for (int i = 0; i < objArray.Length; ++i)
    {
        string s = objArray[i] as string;//转换为字符串
        Console.Write("{0}:", i);
        if (s != null)
        {
            Console.WriteLine("'" + s + "'");
        }
        else
        {
            Console.WriteLine("not a string");
        }
    }
  }
}
}
```

运行结果如下：

```
0:not a string
1:not a string
2:'hello'
3:not a string
4:not a string
5:not a string
```

15.4　课后习题

一、选择题

（1）下述类型中，可隐式转换为 short 型的是（　　）。

    A．int   B．long

    C．double   D．sbyte

（2）下列说法中正确的是（　　）。

    A．父类可通过隐式转换为子类

    B．拆箱就是把值类型转换成引用类型，装箱就是把引用类型转换成值类型

    C．自定义转换使用 explicit 关键字时，可完成目标类型与源类型的隐式转换

    D．可通过强制转换完成由 int 型到 long 型的转换

（3）进行自定义转换的方法头不需要包括关键字（　　）。

    A．public   B．static   C．operator   D．virtual

（4）使用了下述哪个关键字，代表进行了自定义的显式转换（　　）。

    A．implicit   B．public   C．void   D．explicit

（5）关于对下述程序的描述正确的是（　　）。

```
public static implicit operator Complex (int array)
{
```

```
        return   new   Complex(array, 0);
}
```

A. 将 Complex 类型转换为 int 型　　　B. 将 int 类型转换为 Complex 型

C. 完成运算符重载的功能　　　　　　D. 返回一个整型数值

二、编程题

下述程序是对+、-、*运算符的重载，请将_____处补充完整：

```
class Complex
{
    private int real;
    private int imag;
    public Complex(int real, int imag)
    {
        _____
        this.imag = imag;
    }
    public static Complex operator +(Complex c1, Complex c2)// 重载+
    {
        return new Complex(c1.real + c2.real, c1.imag + c2.imag);
    }
    public static Complex operator –(Complex c1, Complex c2)// 重载–
    {
        _____;
    }
    public static Complex operator *(Complex c1, Complex c2)// 重载*
    {
        return new Complex(c1.real * c2.real – c1.imag * c2.imag,
                            c1.real * c2.imag + c1.imag * c2.real);
    }
    public override string ToString()//完成对ToString函数的重载
    {
        string output = real.ToString();
        if (imag >= 0)
        {
            _____;
        }
        else
        {
            _____;
        }
        return output;
    }
}
```

第16章

异常处理

➡ 教学提示

　　本章主要讲述异常的概念以及 try...catch...finally、throw 等的异常处理方法。异常处理功能有助于处理在程序运行期间发生的意外或异常情况。

➡ 教学目标

- 明确异常定义
- 掌握异常捕获和处理

16.1 异常

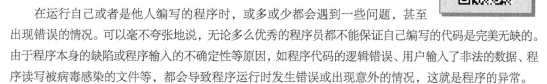

16.1.1 什么是异常

在运行自己或者是他人编写的程序时，或多或少都会遇到一些问题，甚至出现错误的情况。可以毫不夸张地说，无论多么优秀的程序员都不能保证自己编写的代码是完美无缺的。由于程序本身的缺陷或程序输入的不确定性等原因，如程序代码的逻辑错误、用户输入了非法的数据、程序读写被病毒感染的文件等，都会导致程序运行时发生错误或出现意外的情况，这就是程序的异常。

.NET 框架提供了一个基于异常对象和保护代码块的异常处理模型，它提供了能在程序中定义一个异常控制处理模块的程序控制机制，来处理异常情况，并自动将出错时的流程交给异常控制处理模块处理，以保证程序能继续向前执行或结束。

【例 16-1】异常举例。

```
using System;

namespace   Chapter16
{
    class Test
    {
        static void Main(string[] args)
        {

            int[] myArray={1,2,3,4};
            int   myElem=myArray[4];
        }
    }
}
```

这会产生如下异常信息，并中断应用程序的执行：

Index was outside the bounds of the array.

异常在命名空间中定义，大多数异常的名称清晰地说明了它们的用途。在这个示例中，产生的异常叫作 System.IndexOutOfRangeException，说明我们提供的 myArray 数组索引不在允许使用的索引范围内。在异常未处理时，这个信息才会显示出来，应用程序因而中止执行。

16.1.2 异常类

对.NET 类来说，异常类 System.Exception 是异常的基类型。还有许多定义好的异常类，如 System.SystemException、System.ApplicationException 等，均派生于 System.Exception 类。其中 System.ApplicationException 类是用户定义并引发的异常类，如要创建自定义异常类，应从该类派生。

1. 与参数有关的异常类

此类异常类均派生于 SystemException，用于处理给方法成员传递的参数时发生异常。

（1）ArgumentException 类：该类用于处理参数无效的异常，除了继承来的属性名，此类还提供了 string 类型的属性 ParamName 表示引发异常的参数名称。

（2）FormatException 类：该类用于处理参数格式错误的异常。

2. 与成员访问有关的异常类

（1）MemberAccessException 类：该类用于处理访问类的成员失败时所引发的异常。失败的原因可能是没有足够的访问权限，也可能是要访问的成员根本不存在（类与类之间调用时常用）。

（2）MemberAccessException 类的直接派生类。

（3）MethodAccessException 类：该类用于处理访问方法成员失败所引发的异常。

（4）MissingMemberException 类：该类用于处理成员不存在时所引发的异常。

3. 与数组有关的异常类

以下三个类均继承于 SystemException 类。

（1）IndexOutOfException 类：该类用于处理下标超出了数组长度所引发的异常。

（2）ArrayTypeMismatchException 类：该类用于处理在数组中存储数据类型不正确的元素所引发的异常。

（3）RankException 类：该类用于处理维数错误所引发的异常。

4. 与 IO 有关的异常类

（1）IOException 类：该类用于处理进行文件输入输出操作时所引发的异常。

（2）IOException 类的 5 个直接派生类。

（3）DirectionNotFoundException 类：该类用于处理没有找到指定的目录而引发的异常。

（4）FileNotFoundException 类：该类用于处理没有找到文件而引发的异常。

（5）EndOfStreamException 类：该类用于处理已经到达流的末尾还要继续读数据而引发的异常。

（6）FileLoadException 类：该类用于处理无法加载文件而引发的异常。

（7）PathTooLongException 类：该类用于处理由于文件名太长而引发的异常。

5. 与算数有关的异常类

（1）ArithmeticException 类：该类用于处理与算术有关的异常。

（2）ArithmeticException 类的派生类。

（3）DivideByZeroException 类：表示整数或十进制运算中试图除以零而引发的异常。

（4）NotFiniteNumberException 类：表示浮点数运算中出现无穷大或者非负值时所引发的异常。

16.2   异常处理

16.2.1   try...catch...finally

C#包含结构化异常处理（Structured Exception Handing，SEH）的语法。用三个关键字可以标记出能异常处理的代码和指令。此三个关键字为 try、catch、finally。它们都有一个关联的代码块，必须在连续的代码行中使用。其基本结构如下：

微课：异常处理
（2）

```
try
{
    ...
}
```

```
catch(<excertion e>)
{
        ...
}
finally
{
        ...
}
```

也可以只有 try 块和 finally 块，而没有 catch 块，或者有一个 try 块和好几个 catch 块。如果有一个或多个 catch 块，finally 块就是可选的，否则就是必选的，这些代码块的用法说明如下。

1. try 的用法

包含抛出异常的代码。

2. catch 的用法

包含抛出异常时要执行的代码。catch 块可以使用<exceptionType>，设置为只响应特定的异常类型（如 System.IndexOutOfRangeException），以便提供多个 catch 块。还可以完全省略这个参数，让一般的 catch 块响应所有异常。

3. finally 的用法

包含总是会执行的代码，如果没有产生异常，则在 try 块之后执行，如果处理了异常，就在 catch 块之后执行，或者在未处理的异常上移动调用堆栈之前执行。

在 try 块的代码中出现异常后，程序处理顺序为：

（1）try 块在发生异常的地方中断程序的执行。

（2）如果有 catch 块，就检查该块是否匹配已抛出的异常类型。如果没有 catch 块，就执行 finally 块（如果没有 catch 块，就一定要有 finally 块）。

（3）如果有 catch 块 ，但它与已发生的异常类型不匹配，就检查是否有其他的 catch 块。

（4）如果有 catch 块匹配已发生的异常类型，就执行它包含的代码，再执行 finally 块（若有的话）。

（5）如果所有 catch 块都不匹配已发生的异常类型，就执行 finally 块。

16.2.2　抛出和配置异常

.NET Framework 包含许多异常类型，可以在代码中自由抛出和处理这些类型的异常，甚至可以在代码中抛出异常，让它们在比较复杂的应用程序中被捕获。IDE 提供了一个对话框，可以检查和编辑可用的异常，可以使用 Debug|Exceptions 菜单选项打开该对话框，如图 16-1 所示（如果使用 VCE，则列表中的项会不同，只包含图 16-1 中的第二、三项）。

按照类别和.NET 库名称空间列出异常。例如，展开 Common Language Runtime Exceptions 选项，再展开 System 选项，就可以看到 System 命名空间中的异常，这个列表包括上面使用的异常 System.IndexOutOfRangeException。

每个异常都可以使用右边的复选框来配置。可以使用第一个选项（break when）Thrown 中断调试器，即使是对于已处理的异常，也是这样。第二个选项可以忽略未处理的异常，这样做会对结果有影响。在大多数情况下，这会进入中断模式，所以只有在异常环境下才这么做。

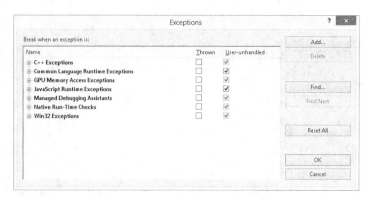

图 16-1 IDE 设置 Exceptions

16.2.3 异常处理的注意事项

需要注意的一点是，必须在一般的异常捕获之前为特殊的异常提供 catch 块。如果 catch 块的顺序错误，应用程序就会编译失败。还要注意可以在 catch 块中抛出异常，方法是使用上一个示例中的方法，或使用下述表达式：

throw;

这个表达式会再次抛出 catch 块处理过的异常。若以这种方式抛出异常，该异常就不会由当前的 try...catch...finally 块处理，而是由上一级的代码处理( )但嵌套结构中的 finally 块仍会执行( )。

【例 16-2】修改 throw Exception( )中的 try...catch...finally。

```
using System;

namespace    Chapter16
{class Text
{
    static void Main(string[] args)
    {
        int n = 0;
        bool flag = true;

        while (flag)
        {
            Console.Write("n = ? ");
            try
            {
                n = Int32.Parse(Console.ReadLine());
                if (n < 0 || n > 100)
                {
                    throw new ArgumentOutOfRangeException();// 抛出异常
                }
                flag = false;
            }
            catch (ArgumentOutOfRangeException)
```

```
        {
            Console.WriteLine("输入数据超界, 请重新输入! ");
        }
        catch (Exception)
        {
            Console.WriteLine("输入数据非法, 请重新输入! ");
        }
    }
    Console.WriteLine("n = " + n);
    }
}
}
```

运行上述代码, 屏幕等待输入, 若输入一个在 0 到 100 范围之外的数字, 便会抛出异常, 提示数据超界的提示。

```
n=?123
输入数据超界, 请重新输入
n=?23
n=23
```

16.3　课后习题

一、选择题

（1）在 C#中, 程序使用（　　　）语句抛出系统异常。

    A. run　　　　　　　　　　　　　　B. throw

    C. catch　　　　　　　　　　　　　D. finally

（2）C#中, 在方法 MyFunc 内部的 try…catch 语句中, 如果在 try 代码块中发生异常, 并且在当前的所有 catch 块中都没有找到合适的 catch 块, 则（　　　）。

    A. 忽略该异常

    B. 马上强制退出该程序

    C. 继续在 MyFunc 的调用堆栈中查找提供该异常处理的过程

    D. 马上抛出一个新的 "异常处理未找到" 的异常

（3）为了能够在程序中捕获所有的异常, 在 catch 语句的括号中使用的类名为（　　　）。

    A. Exception　　　　　　　　　　　　B. DivideByZeroException

    C. FormatException　　　　　　　　　D. 以上三个均可

（4）下面对异常说法不正确的是（　　　）。

    A. try/catch 块为基本引发异常的组合

    B. 在捕获异常时, 可以有多个 catch 块

    C. 无论异常是否发生, finally 块总会执行

    D. try 块和 finally 块不能连用

（5）通过继承（　　　）类, 用户可以创建自己的异常类。

    A. System.Exception　　　　　　　　B. System.SystemException

C．System.ApplicationException　　　　D．System.UserException

（6）下列关于异常处理的表述中哪些是正确的（　　　）。

A．try、catch、finally 三个字句必须同时出现，才能正确处理异常

B．catch 字句能且只能出现一次

C．try 字句中所抛出的异常一定能被 catch 字句捕获

D．无论异常是否抛出，finally 子句中的内容都会被执行。

二、填空题

（1）程序运行过程中发生的错误，叫作＿＿＿＿＿＿＿＿＿。

（2）程序运行可能会出现两种错误：可预料的错误和不可预料的错误。对于不可预料的错误，可以通过 C#语言提供的＿＿＿＿＿＿＿＿＿来处理这种情形。

（3）C#程序中，可使用 try…catch 机制来处理程序出现的＿＿＿＿＿＿＿＿＿错误。

（4）使用＿＿＿＿＿＿＿＿＿关键字可以再次引发捕获到的异常。

（5）异常捕获发生在＿＿＿＿＿＿＿＿＿块中。